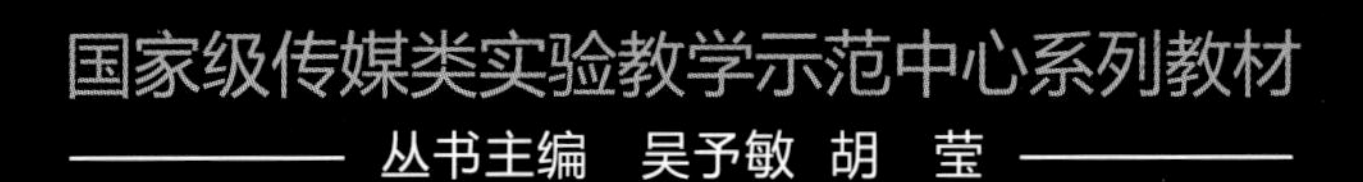

国家级传媒类实验教学示范中心系列教材

丛书主编 吴予敏 胡 莹

多媒体网页设计教程

黎明 柯力嘉 严嘉伟 编著

中国人民大学出版社

·北京·

总序

《国家中长期教育改革和发展规划纲要（2010—2020年）》要求，要牢固确立人才培养在高校工作中的中心地位，强调提高质量是高等教育发展的核心任务。近年来教育质量工程成为高校落实人才培养工作中心地位的重要举措。国家级实验教学示范中心建设是质量工程中的重要项目，对加强学生实践能力和创新能力培养发挥了显著的作用。

我国传媒类专业教育一直有一个好的传统，就是重视实践，不尚空谈。当今传媒科技日新月异，创意文化异彩纷呈，实验教学必然需要新的武装、新的观念、新的模式和新的内容。加强实验课程体系构建，重视创新性实验项目建设，始终应当以学生的能力培养、素质提升为目标。这不同于单纯的技术训练和职业化教育。我国的教育传统提倡“学以致用”。在“学”和“用”之间，往往难以一步跨越。因此，需要一个桥梁，这就是实验教学的特殊作用。

我们说，在传媒实验教学领域，要确立“素质为本，技能为用，学用贯通，创意实践”的教学理念。我们要以“创意实践”为枢纽，将素质、知识、技能这三个能力素质结构要素整合起来。“素质为本”，强调以综合素质（政治思想和道德素质、人文素质、专业素质等）的提高作为传媒人才培养根本；“技能为用”，强调传媒实验教学的应用型特色，要让学生实实在在地掌握一专多能的真本事，熟练掌握思想观念和创意表达的有效载体和手段；“学用贯通”，强调理论知识和社会实践、专业实践紧密结合；“创意实践”，突出创意实践的整合功能，将传媒创意能力的培养作为传媒实验教学的核心目标和基本途径。

在大力推进教育质量工程的过程中，我们欣喜地看到，高等院校的办学条件、实验教学设施得到了很大的改善。这为我们深化实验教学改革提供了良好的物质基础。但是，如何才能真正创造出教师乐于研究实验教学、学生乐于自主从事实验的状态，如何才能把学生的实践能力与创新精神培养落到实处，培养学生形成科学严谨的思维习惯、生动活泼的创意氛围、扎实过硬的操作技能，在很大程度上需要实验教学师资团队精心打造出高质量的实验教学课程。

实验教学课程不同于以传授理论知识为主的课程。按照过去的教学观念，实验教学课程仅仅是理论性课程的辅助部分，主要通过一些辅助性的操作训练帮助学生掌握理解理论知识。因此过去基本没有实验教学专用教材，有的多半是实验操作手册。这一状况越来越不适合今天的传媒专业教育的需要。我们主张，实验教学要形成相对完整的教学体系，成为教师和学生开展创造性思考的技术环境和思维平台。实验教学改革要处理好几个关系：第一，处理好基础理论教学和实践教学的关系，提高实验教学的有效性和趣味性；第二，处理好素质教育和专业教育的关系、通才教育和专才教育的关系；第三，处理好大学实验教学和社会业界实践的关系。

我们从创造性传媒人才培养的目标出发，按照“以能力培养为核心，理论教学和实验教学有机结合，层次递进，条块组合，良性互动”的构想，根据基础性、综合性、设计性、创新性实验教学的递进规律，设计了“进阶实验+开放实验”双轨交叉的传媒实验教学体系：

进阶实验教学，主要是指在课程计划、学分结构和人才培养方案的规范框架内，按照教学计划层次递进的规律设计的实验教学系统。其特点是按照传媒人才的综合素质和专业化能力培养的规律，遵循专业教育质量要求来设计和组织。这一部分的实验教学，强调实验教学的规范性、统一性和系统性，与理论教学协调一致，保持实验教学体系的完整性、连贯性和相对独立性。

开放实验教学，主要是根据“因材施教”、“兴趣培育”、“重点拔尖”的教学观点，以学生为主体设置的自由开放的实验教学系统。开放性的实践教学不应当是管理上的无序真空地带，实验教学人员既要重视学生的自主性，也要做到有序设计、层次分明、目标清楚、效果到位。开放实验教学，从培养学生的专业兴趣入手，通过建立竞争激励机制、项目引导机制、典型示范机制、团队培育机制、创业扶持机制等，将实验教学开辟成为学生“创意—创新—创业”的发展空间。

上述两个实验教学系统，形成双轨交叉的传媒实验教学体系（如图0-1）。

本系列教材选自深圳大学传播学院和传媒实验教学中心的教师所开设的基

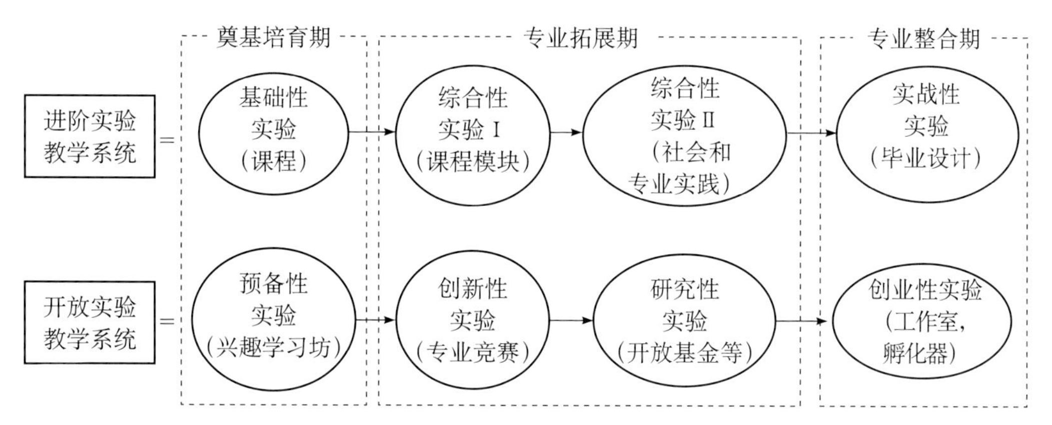

图0-1 “进阶实验+开放实验”双轨交叉传媒实验教学体系

础性实验课程和综合性实验课程，基本上是多年来实验教学经验的总结。

编写一套传媒类实验教材，殊非易事。这类教材过去没有系列化的成品，缺少可资参照借鉴的样板。一方面它们必须区别于以理论知识传授为特点的常规教材，另一方面它们又必须和坊间的各类软件操作指南、技术手册相区别。此类实验教材在保证基础知识、基本技能传授的规范性的前提下，更要突出教学主体（实验课程主讲教师）的教学的个性和特色。今天，能成为一名合格的传媒类实验课程的主讲教师也很不容易。这意味着他（她）必须是“能文能武”的理论和实践相结合的复合型教师。这样的教师不一定都有显赫的学历，但却是实实在在有真本事的人。

实验教材的编写体例没有一成不变的固定模式，它首先是实验教学过程的规律性的展开与推进。实验课程以实验训练和创新实验为核心，教学目标必须是非常清晰和明确的，是可以认定和检测的，也是具有明显的阶段性和连续性的。实验课程所赖以进行的实验条件、器材工具的描述，是必要的知识铺垫和引导。实验课程必须建立在坚实的理论知识基础之上，因此，支撑实验的理论要点，必须扼要地阐明，以便让学生知其然，也知其所以然。实验课程重在示范分析，典型案例的讨论，有时候正反两种类型多种表现形式的剖析，将实验课程内容变得丰富、充实而生动。实验课程中关于具体实验作业的要求、检验标准的规定，是对学生自主实验的引导和鞭策。在实验课程教材中，还包括对部分学生作品的分析，这在一定程度上来说，比之经典作品的分析还要来得切实，很有针对性和示范性。目前的这套实验教学教材编写体例是所有编写者共同探讨的结果。

2009年年底，教育部高教司批准深圳大学传媒实验教学中心成为国家级实验教学示范中心建设单位。这里编写出版的系列教材就是实验中心的建设项目。准确地说，这些教材是实验教学经验的总结，是我们发展和成长过程的阶段性成果。它们今后还要继续在教学实践过程中吸收新的经验，接受新的批评，不断修订、丰富和完善。我们期望“国家级传媒类实验教学示范中心系列教材”是一个完全开放的体系，今后将有更多的教师贡献出他们的教学结晶，容纳更多的优秀课程和教材，更好地为广大学生提供专业学习的帮助。

在此，我们还要衷心感谢中国人民大学出版社的司马兰女士、李学伟编辑，他们对于传媒实验教学事业的敏锐和热情始终激励着我们，他们对于教材编辑一丝不苟的专业精神也帮助我们校正了不少疏漏，保证了教材的质量。

吴予敏

2010年7月

前言

多媒体是近十多年来的一个新概念，它随着科学技术的发展而繁荣。相对以往的单一媒体（纸制媒体和广播等以单一的媒介形式进行信息传播的媒体），它给设计者带来了更多的挑战和机遇。

多媒体网页设计是处于这个瞬息万变、技术突飞猛进的时代中的前沿设计，它不断捕捉时代最前沿的科技，并通过设计者的设计转化为为人们日常生活服务的工具。近年来，平板手机与平板电脑的广泛应用，推动了网页设计的又一次革命。如何紧跟时代让设计与科技有机地结合在一起是这类新兴领域的设计师需要不断思考的问题。

“多”字体现了多媒体的艺术化整合优势，多个不同媒体的艺术化结合能够产生强大的感染力打动受众，从而实现信息传播的商业化。总体上说，多媒体包括图形、图像、声音、动画、视频与互动等要素，这些要素以前多以单一媒体的形式存在。而多媒体网页设计就是通过网络这个媒介将它们艺术化与商业化地整合在一起。所以学习与研究多媒体就需要思考各要素之间的组合问题。同时，多种媒体的整合给设计师与艺术家们提供了更多的选择。所以，对于创作与设计来说，多媒体设计具有更强的表现力。

整合传统设计观念与要素是多媒体网页设计的主要任务之一。设计伴随着人类文明的发展而发展，迄今为止，已经有很多细分化与专业化的设计种类。当技术进入到多媒体时代，这些旧有的设计种类被带到了一个更为综合的环境中，它们不但没有失去自身的意义，反而在新的环境下与其他的设计门类结合，产生了更富有魅力的作品。

本教材的结构反映了“实训”的特点，每个章节的前半部分主要讲授相关的理论与原理，后半部分侧重具体的案例分析。各个章节按循序渐进的原则编排，从基本的静态网页设计到比较丰富的多媒体网页设计。每章的结尾部分都有常见问题的解答与课后作业等，以便于学习者更好地自我总结并吸收经验。

黎明

2013年1月

目录 contents

第一实验阶段

网页设计概述

第一课 网页设计概述

核心提示

1. 了解与认识网页设计的环境。
2. 认识网页设计中的特点与要素。

一、实验教学内容

1. 网页设计的概况
2. 网页的设计因素
3. 网页设计常用的工具

二、实验教学的理论知识

1. 网页设计的概况

网页设计是近十多年来具有划时代意义的设计新领域，对于学习设计和从事设计工作的人来说，认识和掌握一种新的设计媒介是一件十分积极和有意义的事情。这种新的媒介不仅给我们带来新的商业价值，它还启发了设计师们产生出新的设计概念，丰富了设计手段。

电脑与网络给人类的日常生活带来一种新的便捷性，它改变我们现代人的很多生活习惯，例如，我们能够通过电脑来打字、观看视频、阅读和储存资料等；同时，随着互联网的发展，它有着替代传统媒介的趋势。对于设计工作者来说，尽管在纸上画草稿和基础绘画技能不能被替代，但电脑已经成为现代设计师们完成最终作品的主流工具。

将图形、图像、文字、数字等元素整合后的功能化与艺术化处理是当今网页设计的内涵。随着计算机的诞生，我们的设计工具慢慢地由纸面转向以电脑为主的设计方向。在这样的环境下，图形、图像、文字在更多的时候都以数字化的形式出现。网页设计就是通过结合客户的需求、使用者的功能性需求和设计者的意念表现等将各种元素有机地、富有美感和形式地整合成完整的设计作品。

作为设计形式之一的网页设计与传统的设计有着一脉相承的关系。很多传统设计理念依然能够在它上面得到体现。例如文字编排、摄影构图、图像创意等方面的设计理念都能够被运用到网页设计中。新的媒介提供了大量新的挑战与新的设计可能性。新的交流平台、互动技术等都是现代设计的新设计环境，如何在这些设计环境中进行设计就是设计工作者所需要面对的挑战。同时，新的设计环境也提供了很多新的可能性与可行性，例如探索多种媒介的综合艺术表现以及由电脑互动带来的种种艺术表现潜力等。

（1）网页设计的特质

网页的阅读方式和信息交流的方式与传统的媒体有所区别。过去报纸、杂志、电视等媒体都是单向传播的，受众获取信息的大部分方式都是被动的，而随着互联网的发展以及搜索引擎的诞生，受众对信息的获取方式变为主动的、有选择性的。在这样的大环境下，网页设计就有着它自身的特点：充分地思考用户常用的阅读方式，采用贴心的使用者界面，提供用户最希望看到的资料与信息等。另外，如何运用交互式媒介对信息进行高效的传播与使用也是值得思考的问题。最后，建立一个能够在最短的时间内吸引用户或者说留住用户的设计方案也是当今这种新设计类型的重要问题。

网页设计的挑战主要是怎样在用户与网页信息内容之间创建一个有效的界面。就目前而言，为人们提供完成某种任务的路径，同时帮助他们最有效地获取他们想要的目标内容是网页设计的主要工作。

网站具有时效性，它不是一个长期不变的实体，相反，它不断地随着设备和内容的变化而微调或者蜕变。除了个别的门户网站能够在比较长的时期内保持其基本的特征面貌以外，更多的网站都不断地随着互联网的环境而变化，甚至有个别网站的“生命”非常短暂，它们一旦完成自身的任务之后就退出网络，有些网站可能只有几周的“生命”。这种情况经常发生在广告和促销类的网页上。

互动与多媒体式的组合体验作为新的审美形式容易被忽略。当提到网页设计的时候，人们往往想起华丽的图像和绚丽的界面效果，然而新媒介所带来的组合之“美”的体验却很少被人们提起。这主要是因为互动与媒介组合效果并非一目了然地呈现，它们是需要用户反复地使用才能够发现的内在“美”。然而，这种新的审美内涵非常值得设计师去研究与探索，因为它是能够留住使用者的核心。苹果产品正是因为高度关注使用者体验，才能够独步于产能过剩的时代。

传统的平面设计对网页设计的影响是延续性的，主要体现在平面的视觉因素方面。在进行网页设计时，传统平面设计中很多静态的图像与布局方法可以继续被借鉴与参考。然而，动态的图像与动画的技术和声音被应用在网页设计中，这些过去单一的媒介现在通过网页能够被整合在一起，它们之间的组合形成了新的多媒体形式。如何根据项目有效地运用这些组合，是设计师当前面临的新挑战。

(2) 了解客户的切身需求

与客户进行有效的沟通是当今所有设计行业的需求，网页设计也不例外。在执行设计的过程中，设计师们经常会发现很多成品与客户的想象有所差距，这些问题经常导致产品设计方案被反复地推翻重来，从而导致设计效率降低甚至无法按时完成，所以前期与客户进行良好的沟通，提炼客户诉求就显得十分重要。

在网页设计发展的早期，客户对媒体设计知之甚少，双方之间的沟通也不充分。这种情况如今已不复存在，设计师和客户之间的关系越来越紧密，沟通越来越顺畅。

为了能够更高效地为客户服务，设计师必须很好地了解商业运作模式与过程，并且清楚地知道在他们从事的每一个项目中，什么才是客户心目中的网页效果以及如何去实现。

另外，仅仅做一名优秀的设计师其实还不够。网页设计师必须有能力操作设计过程，并懂得怎样同与项目相关的各个方面的人打交道。网页设计师必须能够辨识客户中的真正决策者，并认真分析其需求，帮助自己与团队找准方向。同时，设计师也需要与团队的其他成员进行沟通，这是保证执行的质量与方向正确的必要工作。

(3) 注重用户体验与反馈

“用户体验”已经成为当今商业行业最时髦的用词之一，服务性行业已经变得非常“人性化”。服务行业中大大小小的公司都很注重产品和设计的用户反馈，通过反馈对自己的产品进行合理的修正。网页设计也应该更多地考虑到这方面内容，主要包括对页面使用效率的反思、对用户操作的便捷性与有效性的关注。网页的核心内容能否被最有效地传达给网络用户也是值得关注的。

网页的另外一端是使用最终产品的人，这不仅指作为设计对象的用户，也包括网站维护和客服工作人员等，他们也要被当作设计服务的对象。当然，设计的主体对象——终端用户应该是设计的“仲裁者”，因为他们满意与否才是衡量产品的最终标准。

(4) 网络的相关技术

设计与技术本是相互独立的两种活动，而网络将两者拉近至其他任何设计领域都无可比拟的距离。早期的网页设计师往往通过使用代码和改编他人站点的方法进行网站创建，但当今已不再只有工程师才能从事网页设计工作了。当然，相对于其他设计领域，网页设计需要对设计媒介及可用工具有更多的了解。不断地认识并跟进新的技术有助于设计创新。

(5) 设计过程

设计的视觉感染力尤为重要。在经过一系列归纳与提炼获得设计目标后，设计师需要对页面整体的视觉效果进行探索，在这个阶段，必须对在探索过程中产生的任何可能性都进行比较与探讨，最后选择最符合设计目标与视觉感染力的风格、造型和色调。好的设计理念与创意需要优秀的视觉效果来表现，否则只能停留在“纸上谈兵”的阶段，网页设计项目总会涉及多个领域的人员，让人耳目一新的视觉感染力才能打动这些对项目设计方案起着决定性作用的人们。

尽量让客户或终端用户参与到项目的设计阶段中来。这样做的好处在于体现了设计的“以人为本”的特质，同时将项目的设计概念与实际紧密地结合起来，并且减少了反复修改的可能性。将设计的过程简单理解为设计师个人的创造是片面的，如果这样理解，客户对产品的认同度和产品的使用价值将会打折扣。例如，著名的英国曼联足球队主页的设计，设计师们在网站建设的初期就对曼联的球迷进行约谈，询问了他们最想知道曼联球队的什么信息。多数曼联的球迷反映他们最想了解曼联在欧洲杯比赛中的表现与战况。基于这样的信息反馈，该网页的设计确定了主页上最醒目位置的栏目为曼联在欧洲冠军杯比赛中的信息。[①] 结果证明，曼联的球迷认为该网页的设计非常实用。

网页设计过程的其他重要因素包括技术认知、与工程人员沟通以及与其他项目相关人员之间的信息共享，等等。

网页设计还要不断进行后期修正与总结。尽管以上多个环节的努力能够避免在项目设计中出现过多不符合现实需求的设计问题，但是毕竟网络是在不断变化的，用户的需求也在不断地改变。所以设计师们需要建立良好的用户反馈系统，以求随时应变。收集用户反馈信息也有利于设计师完成接下来的项目。

(6) 不断地与时俱进

电脑技术飞速发展，今天的新科技明天就可能落伍。所以不断更新是互联网行业的生存规则。在这样的前提下，网页设计师要时刻保持着创新的意识，根据新网络技术进行合理的设计是一种必要的素质。

网页设计随着时代的不断变化，其主题、载体、内容与终端技术也在不断演进。只有不断跟进时代，设计师才能将效率与艺术融为一体。从最近几年手机终端的蓬勃发展中我们可以看到“浏览”的主要工具已经从电脑的大屏幕慢慢转向了“迷你屏”；与此同时，网络游戏与网页结合的技术越来越成熟。这些技术所带来的变化，又再次催促设计师们去更新他们的设计思维，拓展新的设计思路。

总而言之，网页设计是一门永无止境与不断创新的专业，在不断前进的技术的推动下，设计师们必须保持创新的精神。

① 参见[美]尼科・麦克唐纳编著，俞佳迪、戴刚、王晴译：《什么是网页设计？》，178～184页，北京，中国青年出版社，2006。

2. 网页的设计因素

尽管网页设计是一个全新的实践领域，但它可以借鉴其他设计领域，我们不能以无知的涂鸦为起点来看待它。设计最基本的目的是在交流的基础上为客户解决问题。虽然网页和互联网是新生事物，但它们在设计实践上均从现有的知识中吸收了养分。网页设计所借鉴的领域和技术通常具备很好的延展性。

多媒体网页设计实际上是吸收了过去的多个单一的媒介，并将它们有联系、有目的地结合在一起，让它们产生新的艺术效果。所以对于设计的整体来说，正如我们无法割裂设计的历史延续性一样，原来的图像设计和布局设计原则依然有着它们存在的意义。设计师们遇到的新问题是如何将这些过去曾经没有关联的媒介合理地关联到一起，这为设计师们带来了新的挑战。互动形式是相对于旧的媒介来说的，属于一个比较新的概念，它需要设计师们重新考虑设计与用户的交互关系。

(1) 信息体系建设与信息设计

信息体系是指通过网络的展示功能，将信息按一定规律进行排列与筛选，从而满足特定的信息展示需求的体系。信息体系的建立会因不同的项目而各异，也就是说，不同创意与内容需要“量身定做”各自的信息系统，从而将创意、内容和信息系统有机地融入整个项目。常用的信息系统包括我们常常接触的主页导航结构，它将所有详细的信息归纳成标题并放置于主页之上，让它们成为简短而又醒目的链接，用户通过点击方式进入内部的页面。这种信息系统最重要的部分就是主页，如何安排好主页的信息层次与级别将是设计师的主要任务。在网站设计的各个环节中，信息体系属于优先项，因为它的结构与安排将影响创意与图形编排等内容。总之，一个符合项目需求、信息层次清晰的信息系统是网站设计的良好开端。通过网页设计的基本流程图（见图 1—1），我们能够认识到信息体系在网页设计中的中枢地位，通过它能够拓展出界面设计、平面设计、字体版式等，这些拓展项都需要互相紧密地结合起来并围绕信息体系进行设计。

(2) 界面设计、平面设计、互动设计与动画

界面设计的英文叫做 interface design，或者 user interface design，它是指面向用户的平面界面设计。用户通过界面除了能够获得基本操作信息以外，还能够通过界面的指引与案件功能使用某项产品并对它传达互动式的指令。当今界面设计的范畴包括网页界面、播放器界面、游戏界面等。

在网页设计中，界面设计对图形、图像、动画等单元的互动形式及其功能进行总体安排与统筹。也就是说，平面设计、互动设计与动画的有机总和就是界面设计的任务。

平面设计（graphic design）是对平面视觉元素按照创意的要求进行创作与编排，

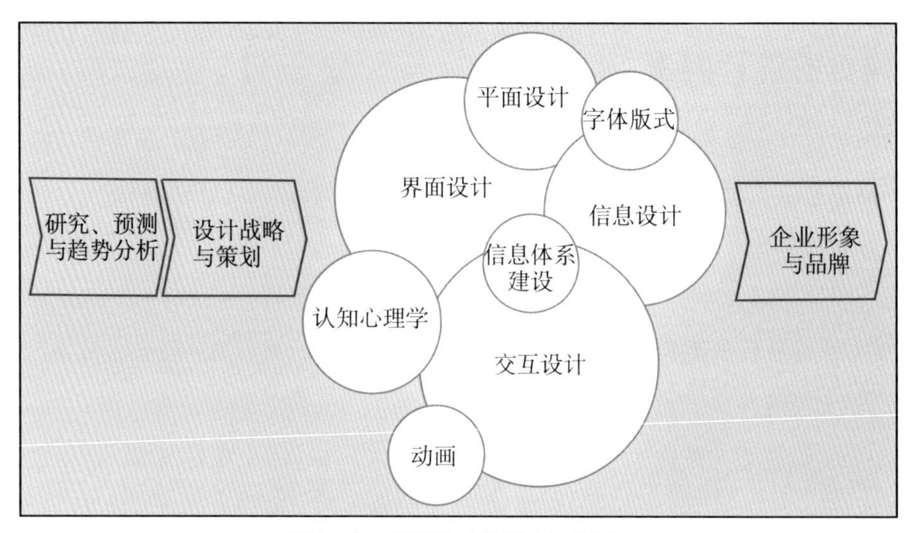

图1—1　网页设计的基本流程图

它更多地关注对图形、图像以及文字的处理，着重于视觉信息的传达与视觉效果。

图形、图像与文字作为网页的基本单元，它们的作用是清晰地传达信息。网页传达信息的效率也与它们有着重要的关联。平面设计是一个传统的设计领域，而网页设计的环境与客户要求相当复杂多变，所以图形、图像、文字依然是最有效的处理信息的方式。作为网页终端的电脑已经发展了较长时间，基于这种终端的网页设计已经发展到相当成熟的阶段，现在我们可以看到很生动与华丽的网页设计。然而，随着手机上网的普及，网页设计的趋势突然又回归到更早期的那种“简明快捷”的风格。所以，可以说平面设计以及它的重要组成单元依然是现代网页设计中不可缺少的组成部分。

互动设计（interactivity design）是一个比较宽泛的概念，在网页设计领域中，它主要是指用户与电脑、信息的双向影响关系。这种设计需要解决的问题往往集中在用户如何使用界面与信息如何反馈之上。网页中的按钮与触摸反馈元素往往是互动设计的重要设计因素，因为它们往往是用户输入自己的指令并反馈网页信息的关键部分。

网页中的互动设计可以非常简单明了，也可以有非常炫目多彩的外在形式，它的设计取决于项目的客观要求与设计师丰富的联想能力。另外，一个成功的互动设计同时需要兼顾功能的有效性与创新性。用户难以使用的互动设计不是好的设计；同样的，与主题不吻合的互动设计不能给用户留下深刻的印象，也不是好的设计。

动画（animation）是为大家熟知的一种艺术形式，我们常常能够看到电视上那些生动而有趣的动画故事。动画这个概念在当今时代也在不断地延伸，当 Macromedia 公司出品了 Flash 动画软件之后，网页就被添加上了许多绚丽的动画，而这些动画往往是没有故事情节的，它的作用往往是纯粹的装饰，或者说它是为了增加用户的良好体验感而生的。

尽管网页设计师不需要将动画制作得那么专业化，但是，要想把握好网页中的动画效果，还是需要对动画的基本规律有所了解。动画中基本的运动规律与节奏表现值得我们去研究与学习。

3. 网页设计常用的工具

在电脑普及的今天，尽管设计师们还离不开纸与笔等基本工具，但是作为工业标准化生产的需要，电脑设计软件已经占领所有产品的成品展示领域。我们现在会在纸面上勾勒草图与探索方案，但是最终的设计制作还需要使用软件来执行。网页设计中常用的软件包括Dreamweaver、Photoshop、Flash等。

Dreamweaver是美国的Macromedia公司开发出来的网页视觉化软件。早期的网页制作相当复杂，往往只有高级的编程人员才能够完成这些任务。很多平面设计师因为无法进入编程领域，所以很难参与网页的视觉设计。Dreamweaver就是通过简易的界面操作形式，将那些难以看懂的编码视觉化，让设计师能够简便地按照自己的意愿进行设计。这款软件经历十多年的使用与不断的改进，到现时为止依然是网页设计的主要工具。

Photoshop并不能直接参与网页的制作，它主要是处理图形和图像的软件。它最主要的文件格式是JPEG，这种格式能够在保证文件容量比较小的前提下获得最佳的图像质量。该软件中有很多设置方式是专门为网页设计服务的。

Flash同样是Macromedia公司的产品，它的功能就是为静止的网页添加动画与声音等多媒体效果。它除了能够完成简单的动画装饰效果以外，还可以完成带有故事情节的Flash故事短片。视频经过它的简化也可以嵌入网页。另外，Flash的编程功能也是十分完善的，有了这种简易式的编程工具，设计师可以对网页互动方式进行设置。总之，网页设计中的声音、视频、动画与互动等要素都离不开这个软件。

三、实验教学设备条件

1. 设备条件

电脑、网络、投影。

2. 实验场地

实训教室。

3. 工具、材料

电脑。

四、实验教学设计与要求

1. 实验名称

多媒体网页设计概述讨论。

2. 实验目的

认识多媒体网页设计的环境和背景，了解多媒体网页设计的基本要素和主要的设计问题是该实验着重讨论的问题。

3. 实验内容

小组讨论问题：

第一，通过阅读以上的基础资料，讨论与回答网页设计与传统的设计有什么区别与关联。

第二，在设计的初期如何有效地与客户沟通？

第三，网页设计的设计要素包括哪些？它们如何地有机结合在一起？请举出一些例子。

4. 实验过程

在课堂上进行小组讨论，将讨论结果与教师再探讨。

5. 实验要求

第一，踊跃发表意见，可以结合实际遇到的问题进行讨论。

第二，解决问题的思路要清晰，观点要明确。

6. 组织形式

第一，该实验以小组为单位，由 2~4 人组成，经过讨论后，将小组意见进行整理。

第二，讨论的成果由各小组代表上台陈述，评选出最佳小组。

7. 实验课时

4 课时 + 课余时间。

8. 质量标准

第一，能够找出网页设计与传统设计的关联与区别，举出适当的例子，发现问题和解决问题。

第二，正确地理解和认识沟通在设计初期的重要性，适当地运用各种沟通方式，确定有效的设计方向。

第三，找出影响设计的基本要素，举出它们是如何结合在一起的例子，对这些例子进行合理的分析。

五、参考资料

参考书

1.[美] 尼科・麦克唐纳编著，俞佳迪、戴刚、王晴译 . 什么是网页设计？. 北京：中国青

年出版社，2006．重点阅读：6~20 页

2. 张帆等编著．网页界面设计艺术教程．北京：人民邮电出版社，2002．重点阅读：1~25 页

3. 杨开富，谢燕萍．市场实现　网页设计．重庆：重庆大学出版社，2011．重点阅读：第一章

4.[美]贾森·贝尔德著，石屹译．完美网页的视觉设计法则．北京：电子工业出版社，2011．重点阅读：第一章第一节

5. 孙膺等编著．网页设计三剑客（CS4 中文版）标准教程．北京：清华大学出版社，2010．重点阅读：第一章第一节

参考网站

http://www.chinavisual.com/web/index.shtml

http://www.dolcn.com/

第二实验阶段

界面构成因素

第二课 界面构成与布局（1）

核心提示

1. 理解网页的基本编排原理。

2. 掌握整体位置编排，F Layer 形式和点、线、面的编排方法。

一、实验教学内容

1. 界面编排概念与知识点
2. 整体位置编排
3. F Layer 形式
4. 点、线、面的运用

二、实验教学的理论知识

1. 界面编排概念与知识点

（1）界面的编排

界面的编排（英文叫做 layout，也叫做界面布局）是网页视觉效果的主要因素，它对于网页的整体效果和使用效率起到了核心的作用，无论多么美丽和悦目的文字、图片、按钮和广告条等都要经过它的整体调配才能产生一体化的效果。更具体地讲，它的任务是把网页上所用的元素结合浏览器的尺寸按一定的审美和使用便捷性有序地排列起来。在日常生活中，我们经常会在网上看到很多不入流的网站，它们的页面不顾一切地将尽可能多的内容往一个页面上堆砌，杂乱无章的排序、乱飞而又刺眼的广告条，都会让受众难以便捷地操作网页。这种结果，究其原因，是网页设计师没有编排或不重视编排。只有很好地对页面的空间进行分割才能产生那种具有艺术感或者具有强烈的艺术感染力的视觉空间。为了实现这一点，除了掌握我们将要学习的编排方法以外，设计师还需要通过大量地阅读各种相关的艺术与设计作品来提高自身的审美品位，并为将来的设计创作提供基础积累。

网站的视觉设计主要体现在编排和审美

方面，与此同时，功能和网站的建站目的也需要融合到视觉设计中来。对于设计来说，无论工业设计、环境设计还是其他类型的设计都需要考虑功能性这个方面，正因为这样，设计行业内流行着一句话："设计是戴着镣铐跳舞的艺术。"网页设计也不例外，它除了对审美有需要以外，阅读的效率和使用的便捷性也是十分重要的因素。只有将这些要素完美地结合在一起，我们的设计才能真正具有意义。

（2）网页编排与传统页面编排的共同点

网页的界面编排与传统的纸质的页面编排有着不少的共同点，它们可以互相借鉴。为了出版印刷而做的编排工作是将图像、文本等按照主题的需要合理地、富有美感地放置到相应的位置。网页设计中的部分任务与此类似。它们同样对设计师提出了如何能够完成与主题相协调且具有强烈的艺术感染力，在使用上又很便捷等任务。因此，我们在学习网页编排的同时，也可以关注与借鉴以往的经典平面设计以及正在形成的新平面设计。

（3）网页设计的特点

互联网作为新媒介之一，网页设计也有着自身的特点，并对设计师提出了新的要求。在基础的静态页面素材的使用方面，网页设计和传统的平面编排有很多相似之处，但网页作为一种在电脑、手机等终端上使用的媒介，需要考虑网站的建设目的和具体的用户环境，而这些新的制约因素往往需要结合"互动"这种新的操作形式以及传统的审美观才能加以解决。一般说来，良好的网页设计需要包括：明确的网站目的；好的视觉形象；便捷的互动设计。一般说来，视觉形象与效果需要与互动设计结合起来考虑，因为这样更加能够体现网页设计的一体化与统一化。

下面我们从更加具体的角度来看这些新的变化与要求。首先，网页的用户终端与传统的纸质媒介不一样，一般的书籍、报纸和杂志的编排不需要考虑分辨率变化的问题，它们只需要按照一定的印刷精度即可完成出版的任务。然而，现代生产的电脑显示器尺寸、手机显示屏尺寸是变化着的。这样的变化给网页设计带来了新的任务与要求，这就要求网页设计尽可能照顾到最多的用户群。

电脑作为网页浏览的终端时，常用的分辨率有 1024×768 像素和 800×600 像素两种。从现在的趋势来说，1024×768 像素的分辨率是比较普及的一种，而 800×600 像素的分辨率在旧式的显示器和小型笔记本上使用居多。另外，台式显示器的尺寸与分辨率都有着大幅增大与提高的趋势。所以在考虑网页布局设计的时候，除了考虑内容本身以外，还需要考虑空间与比例的问题。随着新一代无线互联网的出现，手机上网日盛。为了满足这类用户，设计师也需要考虑小尺寸和低分辨率的网页设计与编排的问题。因此，设计师需要认真了解网站的目的，把握相关的用户群体范围，要能够应付变化着的各种问题。

（4）网页界面编排的模式

网页设计和其他设计一样，也是有方法可循的。正如中国功夫一样，每种功夫都有固定套路，但是真正要打得好还需要内功。网页编排的模式就是那些经过验证并且适合作为基础的设计指导与学习的方法，掌握这些模式能够让设计师把握设计的大方向，并且有效地获得相应的视觉效果。与此同时，设计师需要积累视觉经验，不断提高自己的审美水平。

（5）相关工具软件的优点

综上所述，在进行网站设计之前，设计师需要对客户的需求与用户群体的范围有一定的了解，并且制定合适的方案。我们需要区分网站究竟属于信息容量大还是内容比较简明而精致的网络。当今的网页设计软件十分多。有的适合编程人员和工程师使用，有的功能过于简单。比较适合设计师使用的软件有 Dreamweaver 和 Flash 等。一般说来，Dreamweaver 比较善于处理信息量大的网站设计。它的优点是能够对页面的内容进行精简化处理，同时又十分节约网站的流量。而 Flash 则比较注重视觉效果和互动性，信息量比较少的网站适合使用它，这是因为通过炫目的动画效果，引人入胜的互动体验能够使网站的品位升级，进而提升网站的形象。

2. 整体位置编排

多媒体网页的界面与布局关系到整个网站页面内容的分布与艺术处理的问题，它体现的是有效的传播效率与视觉效果的协调与统一。不同方式的划分、分割与排列对于界面来说显得十分的重要。如何将具体的内容安排到恰当的界面构成中是这个阶段的主要任务。良好的界面分布往往更容易让读者对特定的网站内容产生兴趣，同时，它也往往更容易被使用和查阅，能够有效地提高使用效率。

下面我们具体讲解整体位置编排。分辨率对于网页页面编排的制约体现在设计者无法确认用户使用多大尺寸的显示器或终端机进行浏览，同时，用户所使用的终端分辨率也存在差异。所以固定尺寸与比例的页面设计在很多时候不可避免地露出内容以外的网页背景，这些背景经常是空白的白色空间。为了能够兼顾这种运行环境，设计师们不得不考虑如何才能保持页面内容以外的空间的可读性与美观性的协调一致。从整个页面的编排工作上看，这方面的内容属于更为宏观与关键的部分，它将直接决定以后的更多细节的布局问题。

从视觉上讲，页面的主体内容本身在整个浏览器的范围内形成了视觉中心，视觉中心往往就是最能够抓住观众视线的部分。另外，由于主题内容具有可读的文字和丰富的图像，这些图像和文字本身构成了视觉上的“重量感”。因此，在考虑编排的时候需要注意这种重量感所带来的问题——视觉平衡。

对于这种内容以外的空间，我们可以采

取页面整体居左或居中的布局方式，这是两种比较常见的方式。页面整体居左是指将页面的所有内容和栏目整体地往浏览器的左边边缘对齐，同时，大尺寸的浏览器不可避免地会看到右边的大面积的空白空间。整体页面位置的编排就是要考虑这样的问题。整体位置编排是考虑比较宏观的页面位置问题，它与下文其他布局形式应该是密不可分的，在考虑使用某种布局形式之前，都应该首先思考页面的居左与居右问题。本章的案例分析将不再单独举例讲解整体位置编排的问题。

（1）整体居左方式

这种类型的编排方式现在已经不常见了（见图2—1），这或许是因为它缺乏中庸的视觉效果或者不适合套用于所有的编排方式，但是它也有着自己的优点。这种处理方法多数采用800×600的分辨率，能够兼顾低端和高端的电脑用户。旧式的显示器和现在的手机终端更加适合使用这种分辨率，因为在这样的解析度环境之下运行的网页，其内容文字和图片都会正好符合这种尺寸。然而，在构图学上向左侧偏移，容易让人产生不稳定的视觉感受，因此，如果使用该类布局方法，在考虑造型的时候，应该适当平衡这种左侧偏移感。采用更多的水平线架构并合理处理图片就能够比较好地解决这个失衡的问题。与此同时，能产生视觉重量感的因素还包括文字的比例、图像的比例和它们的明度深浅等。一般说来，比例大和明度深的文字和图片往往能够产生视觉重量感，它们也是平衡页面的视觉重心的重要元素，所以

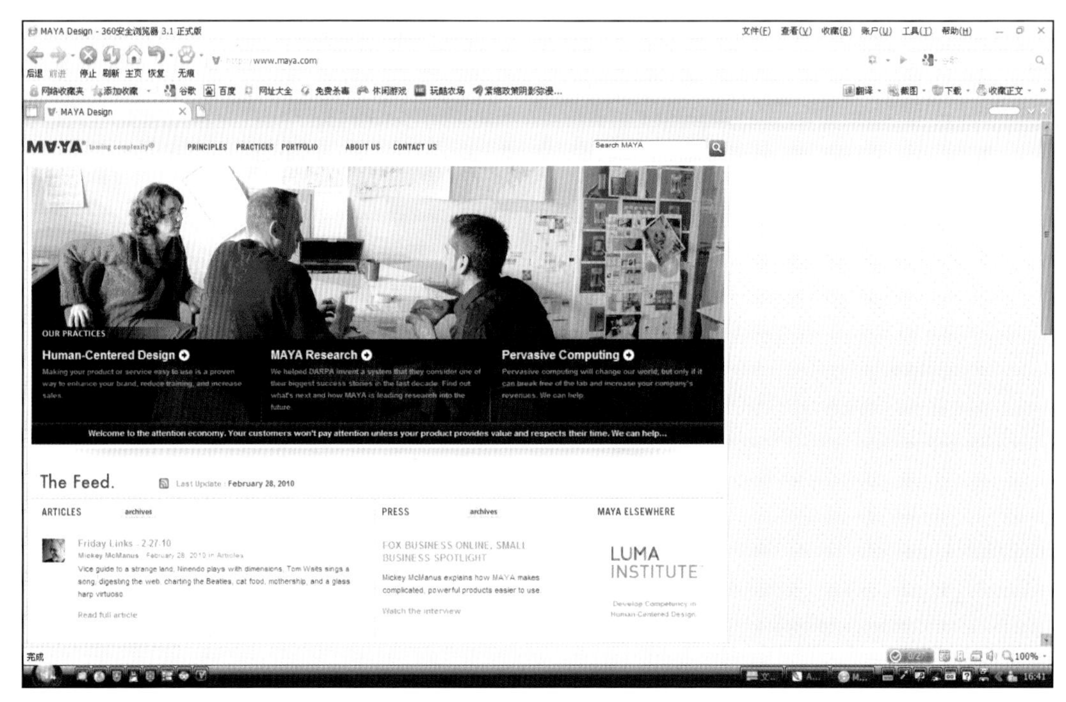

图2—1　Maya 3d动画软件公司主页

设计师在构成页面的同时，需要更多地注意如何安排这些元素。

这种编排方式比较适合从左往右的阅读，因为它的内容是以左边对齐的方式展现的。所以，运用该编排方式的页面上的左侧菜单栏的内容就会变成读者第一时间能够注意到的重要内容，在这些位置上往往可以放置主要的核心内容。

另外，网页的横向比例都设计得比 800 像素的宽度小一点，这也是为了让页面能够在小尺寸的显示设备上完全呈现出来，否则页面不通过横向的滑动栏是无法看到全部内容的。通常情况下 580 像素到 780 像素宽度比较合适。此外，对网页主题内容以外的背景的处理，可以根据平衡的原则，适当加入底图或者适当地填补少量的文字，如联系方式、作者、联系人等信息，这有助于填补右边的空白地带，同时，背景底色不宜过于强烈。

（2）整体居中方式

页面整体放置于中央的编排方式是现在的主流形式（见图 2—2）。这种以垂直中央的方式进行的布局能够很好地体现均衡的感觉。左边和右边的空白面积保持一致，看上去四平八稳，十分端正。这种布局很容易引导读者的视线自然地由上往下移动。所以，对于读者来说，先引起他们注意力的地方应该是网页最上方的内容，该处往往出现企业名字、品牌和网站名字等重要信息，而稍稍往下的部分常常放置主要的导航栏目，这些经过归纳与提炼的栏目也是网页的重要内容。然而，在这里要注意的就是它左右空间的处理问题，一般的处理方式就是留空白或利用图片或色彩作为背景来填补。这种方法

图2—2　BBC网站设计

的页面尺寸也可以是 800×1024 的比例，垂直方向的页面既可以限制长度也可以让它无限往下延伸。所以，设计师需要更多地关注宽度和左右两边空白地带的处理问题。一般说来，这种布局基本上能够结合主要内容的编排方式，因为它处于平衡的位置上，页面的内容不会让观众产生视觉偏移的感觉。所以只需要处理好背景与主体内容的关系即可。大多数情况下，背景的明度与主体内容（文字和图片）的明度对比高，则在视觉上显得醒目与强烈，反之则容易产生协调、统一的感觉。所以设计师在处理这些问题的时候，除了结合网页的主体内容以外，还需要提高自己的审美能力。

3.F Layer 形式

F Layer 形式是西方经过科学的研究总结出来的一种针对页面的内容分布与信息有效传播的布局形式。它立足于人的阅读习惯并将最主要和最常用的内容放置关键的位置之上。“F Layer”的意思是指将整个页面的主要分割与划分根据英文字母“F”的字形来设计。例如主要的广告条和主菜单等关键信息都安排到 F 字形上，其他次要的或者次级的信息被安排到 F 字形的周围。另外，当页面上有更多的内容需要展示时，可以通过设计不断下拉的滑动条完成。与此同时，这些额外的内容只需要考虑自身的排列并且顺延 F 字母的形状发展即可。从图 2—3 中可以看出 F Layer 形式的基本结构。

科学的研究显示，网页的读者经常采用

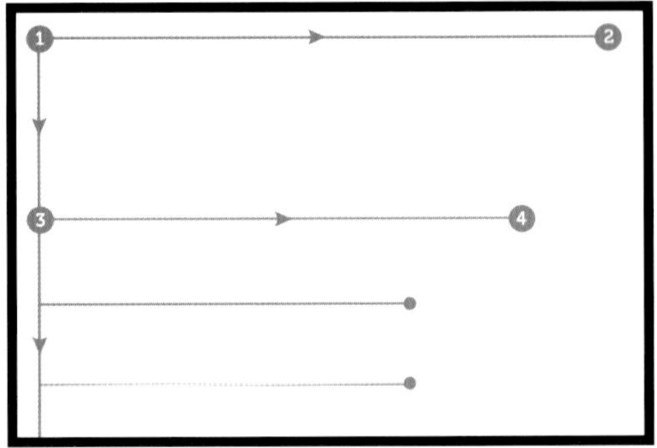

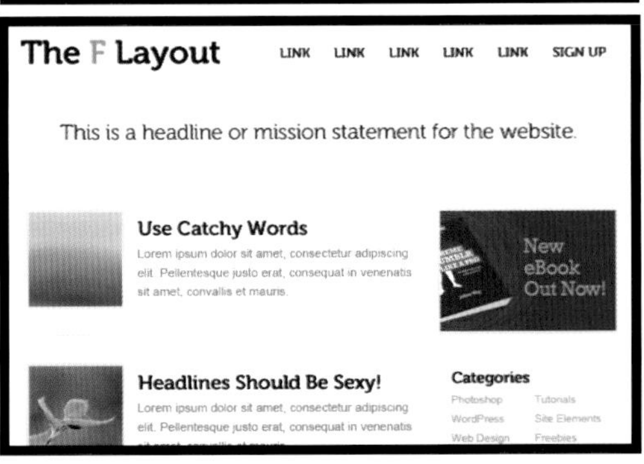

图2—3　F Layer布局方式图解

F 形状的阅读轨迹——首先看网页的顶部、左上角和左边，偶尔会瞥一下屏幕的右边。这些对读者阅读轨迹的研究论证了将最关键的元素，例如广告条、导航、输入指令等安排在页面左边的设计的有效性。

使用这种形式的布局需要注意的是：首先对网页的主要信息进行筛选，找对最关键、最具概括性和最常用的信息。其次，需要严格地按照 F 字形的关键位置嵌入那些筛选出来的信息。

F Layer 设计的优点有：它传播与被阅读的效率十分高；它十分便于用户使用，对于硬件的要求不高；对于信息量较大的网站来说，它能够很好地对这些复杂的信息进行有效而有规划的分类与处理；它是当今比较普及的网页设计方式，非常适合比较正式与大型的官方网站。

4. 点、线、面的运用

点、线、面作为基础的视觉构成元素，是研究视觉效果的本质要素。点、线、面之间各自独立又相互关联，通过转换的关系以及排列组合等方式能够产生出各种各样的效果。例如，点作为基础的单位既可以单独出现也可以一组甚至多组地加以排列组合，当单独的一个点出现的时候，它可以对页面具体内容加以强调，也可以形成视觉的中心点；当它以多个点的形式出现时则可以形成各种线条和面的形象。同样的，线与面也可以通过反复的出现来互相转化成其他两个视觉形式。这种可转化性给设计带来了很多的不同手段来满足复杂的设计需求。另外，点、线、面在特定的运用方式下具有独特的视觉情调与情感，不同的造型与色彩搭配能够产生多样的视觉情调。

（1）点的运用

少量的点　在页面中运用少量的点比较容易形成视觉中心点，更容易吸引人的注意力。当整个页面的内容不复杂的时候，这些点在视觉上就显得十分的醒目，同时如果这些点的比例比较小，就会起到引起人们好奇心的作用，用户更加容易被它们吸引。

点的排列　大量的点根据排列方式的不同，可以产生丰富的情态。设计师既可以结合直线形排列和曲线形排列进行设计，也可以让点排列成具有“通透”感的面。有节奏的散点排列容易产生动感。

点的比例　不同比例的点可以产生空间层次的变化，同时，把点的比例扩大后容易获得“面”的感觉。

（2）线的运用

线是由点的运动轨迹所构成的，同时它也是面的开始。运用线可以进行面积、位置、方向等方面的变化与处理。

从整体上看，线分为直线和曲线，两者反映的情态不一样，直线显得刚强与庄严。不同方向的直线表现出的效果不一样，水平和垂直线显得严肃、整洁和呆板，倾斜的直线显得富有动感。曲线显得富有韵律感。

此外，按一定次序排列的线组合能够产

生面的感觉。

(3) 面的运用

面是由线的连续运动轨迹所产生的，封闭的线条和密集的点也可以产生面的感觉。

面积大的面给人稳重大方的感觉。曲面和直面能够产生与曲线和直线类似的视觉效果，即曲面富有动感，例如我们熟悉的Microsoft Windows标志；直面则显得比较刚强。此外，运用面可以对内容进行范围划分，正如页面上的分类栏目一样，这有利于内容的分类。

三、实验教学设备条件

1. 设备条件

投影仪、电脑、实物投影仪。

2. 实验场地

实训教室。

3. 工具、材料

草稿纸、彩色铅笔、Dreamweaver、Photoshop、电脑和手写板等。

四、实验教学设计与要求

1. 实验名称

网页界面构成1。

2. 实验目的

掌握与理解网页的构成要素与划分方法。

3. 实验内容

认识与掌握整体位置编排，F Layer形式和点、线、面，使用这三种方法根据自己选定的页面内容进行设计。认识与掌握Dreamweaver的表格功能。

4. 实验要求

第一，能够根据自己选择的内容与主题合理地使用上述三种页面形式。

第二，把握每种形式的特点与特征。

第三，能够做到整体效果美观、整洁与容易阅读。

第四，颜色和字体的选择不限。

第五，页面划分美观、富有韵律感。

第六，页面的宽度尺寸控制在1024或者800像素范围内。

5. 组织形式

由每个学生独立完成自己的设计，也可以由2~3个学生一组进行讨论与交流，同时教师在实验过程中给予辅导与提示。

6. 实验课时

3 课时 + 课余时间。

7. 质量标准

第一，能够理解整体位置编排中的两种方式的效果与作用，同时掌握基本的 Dreamweaver 中相关页面设计功能，并合理运用它们。

第二，能够按照 F Layer 形式对页面的内容合理地布局，对核心的或重要的内容进行筛选并且将它们安排到 F Layer 形式的关键位置上。图片与文字字体的选择要美观大方。

第三，通过对点、线、面在页面造型上的分析，合理地运用它们。能够合理地分析它们，并且将页面上的图像与文字等元素归纳为抽象的点、线、面，从而更好地对页面进行归纳。

第四，掌握 Dreamweaver 的基本表格使用方法。

五、实验教学案例分析

1.F Layer 形式

（1）背景资料

《洛杉矶时报》(Los Angeles Times) 的网站是一个地方的官方报纸网站，其新闻内容都比较官方和正式。其与小众报纸的区别正体现在它的这种正式性。可以看到该网站首页上并没有太多加插广告的内容（见图 2—4）。

图 2—5 展示的是一个国外数码产品资讯网站，它通过各种媒介报道最新的数码前沿技术，介绍新的数码产品。它上面的内容对于消费者而言比较有指导意义。

图2—4 《洛杉矶时报》主页

图2—5　Gigaom主页

（2）操作方法

《洛杉矶时报》采用了F Layer这种标准化的布局方式，在顶部位置放置了自己网站的名字和主要菜单导航栏目，接下去是次级的菜单栏目。同时主要导航栏目和次级菜单栏目被黑色的底色区分出来，显得主次鲜明。然而，页面经过栏目的分块处理后，读者在不断下拉滑动条阅读的时候并没有迷惑，这是因为该网页对信息的分层十分有条理。

Gigaom也采用了F Layer形式，它同样将主要的导航栏目放置于页面的顶部，每一个栏目都醒目地表明了栏目的标题并且以深黑色的横线加以划分，使读者读起来很方便。

（3）操作手段

《洛杉矶时报》和Gigaom网站都能够很合理地将各自的主要信息进行筛选，并且按有效率的阅读顺序放置这些材料。同时，它们也十分细心地考虑了经过滑动栏拉动后的下方内容的条理性。

（4）技术水平

这两个网站在技术和设计执行方面都十分到位，很好地运用了F layer形式，科学地安排了复杂的内容和信息，体现出了一种比较正式的网站所应该具有的条理性。

2. 点的运用

（1）背景资料

Homes by Horton是英国的一个财产销售与管理公司，服务于利物浦当地的市场，它的业务是负责固定资产的转手交易以及起草合同文件和公证等（见图2—6）。

Charing cross print是位于伦敦中心区的一个专门从事打印与印刷业务的企业，主要印刷海报、宣传单和包装等（见图2—7）。

De-stress your life是为一本专门针对健康饮食和减肥的同名书打造的网站，内容

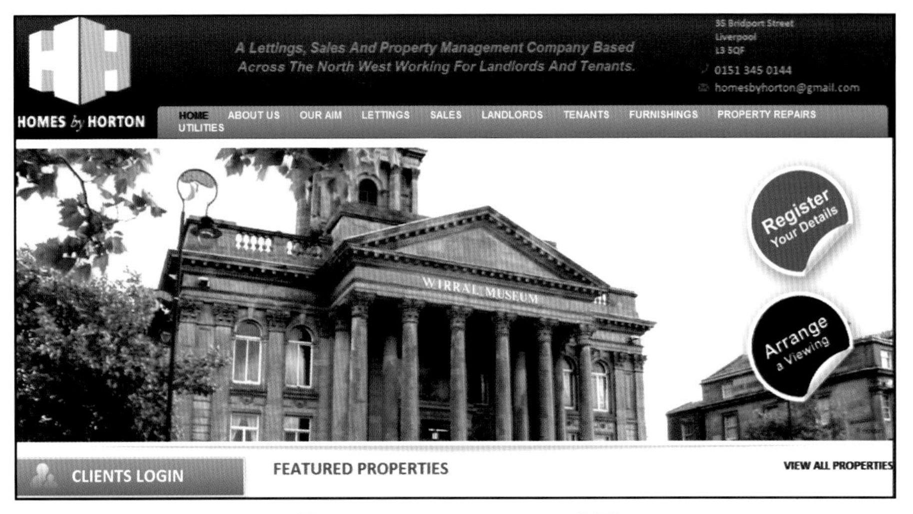

图2—6　Homes by Horton主页

图2—7　Charing cross print印刷与打印服务公司主页

主要围绕如何通过科学的饮食达到减肥的效果（见图 2—8）。西方人的饮食多以蛋白质和高卡路里食品为主，所以体型偏胖的居多。这一类型的科学饮食书籍在一段时间内受到读者的欢迎。为了取得更好的销量，该书通过 De-stress your life 网页进行推广。

reflex-nutrition 是一种为增加体育锻炼效果而设计的营养药品，它主要在肌肉锻炼

图2—8　De-stress your life主页

后为身体提供特殊的营养补充，最终让辅助肌肉能够更快地增长。图2—9展示了该药品网站的主页。

（2）操作方法

Homes by Horton在网页中使用两个比例比较大的点起到一种强调的作用，作

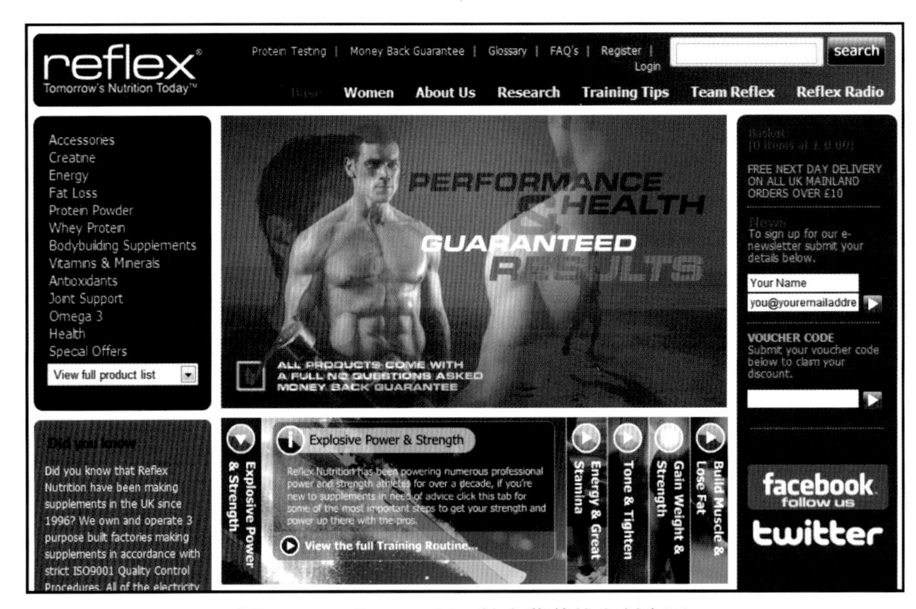

图2—9　reflex-nutrition健身营养补充剂主页

为一个固定资产交易公司，它非常鲜明地将该公司业务中最主要的客户行为归纳到"Register Your Details"（提交你的交易财产细节）和"Arrange a Viewing"（安排现场查看）中。两个鲜明的点强烈而有效地呈现出了公司的业务，同时，也非常便于用户使用与查看。这样运用点在设计中强调主题能够达到一针见血的直接效果。

Charing cross print 的网页设计也使用了鲜明且面积比较大的点对页面上的视觉重点进行强调。消费者经常关注消费价格的变动。很多时候促销能够引起消费者的注意。Charing cross print 会不定期进行特定业务的打折促销。该网页上的"Special Offer"就是不同时段的产品打折信息。另外，这种醒目的点构成与促销活动的配合能够非常好地抓住消费者的眼球，是吸引消费者的一种有效方法。

De-stress your life 的网页主要体现了这本书中对健康饮食理念的一种阐释，点的运用体现在页面上几个并置的蔬果图像上。并置的蔬果在页面上起到了点的作用，同时，也非常直观地反映出健康这个概念。横向排列的多个点状除了能够陈述出对象以外，它们各自的不同类型与不同形体又反映出视觉上的"个性"，所以该排列方式利用了整齐的横向排列，把握住了"共性"和"个性"的和谐统一，既整齐又不乏个性。另外，右上方的红点也非常明确地强调了重点。

reflex-nutrition 在网页上并没有直接地利用点的视觉强调功能，它将点运用在关键的信息栏目上方，或者使用在按钮的设计上面。尽管没有直接地对需要强调的文字"画圈"，但按钮上的圆点设计了三角形的指向标志，这样做也是对栏目中重要信息的一种指引，它们依然能够很醒目地指向关键信息。另外，值得注意的是设计师在色彩对比上也颇具匠心，黑色的背景主调给关键而少量的红色以铺垫，小红点在页面上显得尤为醒目。

（3）操作步骤

以上几个网页的设计都首先对公司的基本信息与内容经过大量的筛选，选取 1 到 4 种关键的内容，然后通过点的特殊性对它们进行强调或者合理的指示。

（4）操作手段

在操作手段上，它们都运用了点起到对页面的强调或者点缀作用。这些设计手段都非常有效率地体现了网站的主要内容，很好地吸引了用户的注意力。

（5）技术水平

这几个案例网站对于点的运用非常成功，很有效地点出了关键的信息，有的能够将点的排列与个性的表现相结合，有的能够利用色彩的对比增强点在页面上的效果。

3. 线的运用

（1）背景资料

Shades2go 是英国一个专门经营太阳眼

镜的企业，它的太阳眼镜设计风格比较独特，主要迎合有品位人士的需求。这些太阳眼镜的款式横跨 20 世纪 70 ~ 90 年代，从图中可以看出该企业的设计理念是以经典与怀旧为主（见图 2—10）。

Sabrina Fair 是欧洲一个高档女士皮包和珠宝网络销售企业，它的产品主要是高档的皮包、首饰和女士用品（见图 2—11），主要的销售人群对象是中年女性，她们具有一定的品位，对质量有一定的要求。

Hayley Pombrett 网站是 Hayley Pombrett 的个人网站（见图 2—12），她是一个音乐家，擅长小提琴和舞蹈。她曾经在欧洲学习音乐，现在在欧洲也有不少的表演和演出。该网站主要是为展示她的才能和个人履历所设计的。

Oypro 是一个国际化的销售与管理企业，它的业务主要包括市场调查和调研，为企业研究市场提供专业的销售顾问团队等。图 2—13 展示的是其主页。

图2—10　Shades2go时尚太阳眼镜主页（作者：Web Creation Uk）

图2—11　Sabrina Fair女士首饰珠宝主页

图2—12　Hayley Pombrett个人主页（作者：Web Creation UK）

（2）操作方法

Shades2go 网页的设计利用上下对称的水平粗线条对网页的结构进行划分，这种水平的直线很好地增加了该页面在视觉上的稳定感（见图 2—10）。另外，页面左侧纤细的短线段起到了良好的装饰作用，既丰富了页面的构成，也很好地与粗线条进行搭配，运用横向而整洁的文字处理，形成虚线的感觉。该网页的线条在整体上基本以水平方向为主，在提供了一种稳定的视觉设计的同时，粗细和虚实的线条变化非常有韵味。另外，简洁而稳重的产品图像为页面增添了几分“素雅”。整体的效果非常符合该系列产品的格调。

Sabrina Fair 网页采用了比较纤细的线条来对页面的栏目进行了划分，这些线条表现在各个栏目的边框上，它们既有线条的那种细腻感觉，也带有“面”，所以整体页面的划分十分简洁、有条理。另外，纤细的边框与高质量的产品图像相互对比与协调，增强了页面的变化。与 Shades2go 的网页设计一样，该网页也以水平轴向的线条为主，除了上方的栏目装饰线以外，所有的文字排列也体现出水平线的稳定感。这些设计要素十分符合 Sabrina Fair 目标群体的审美情趣。

Hayley Pombrett 作为一个女性音乐家，在她的个人网页上无不体现出其女性的柔美。富有女性柔美感觉的曲线装饰花纹，既表现了女性的柔美，又展现出她的个性。另外，富有节奏与动感的线条突破了图片与空间的划分，这样能够很好地破除栏目和装饰线条之间的孤立感，让整个页面柔和地统一起来。另外，这些装饰线条选择了同样具有女性特征的粉红

图2—13　Oypro主页

色，这与该主题的表现十分协调。

Oypro 的网页设计体现出一种动感，它同样利用了曲线作为主要的图形设计，这些曲线设计成具有跑动感的效果，很好地渲染出了 Oypro 的全球化与市场化特征。

（3）操作手段

以上几个案例都体现直线与曲线的不同运用方式，能够很好地根据表现的目的采用不同的方法处理线条。

（4）技术水平

这几个案例都十分出色，它们很好地运用了线条的特质，也能够灵活地结合颜色、方向和组合等方法将简单的线条营造出符合设计需求的视觉效果。

4. 面的运用

（1）背景资料

Pmmpartners 是一所投资顾问公司，它们有一定的银行背景作为支撑，主要业务是储蓄经济投资、分析和研究，为客户发现和提供合适的投资机会，以及帮助客户理财等。其主页见图 2—14。

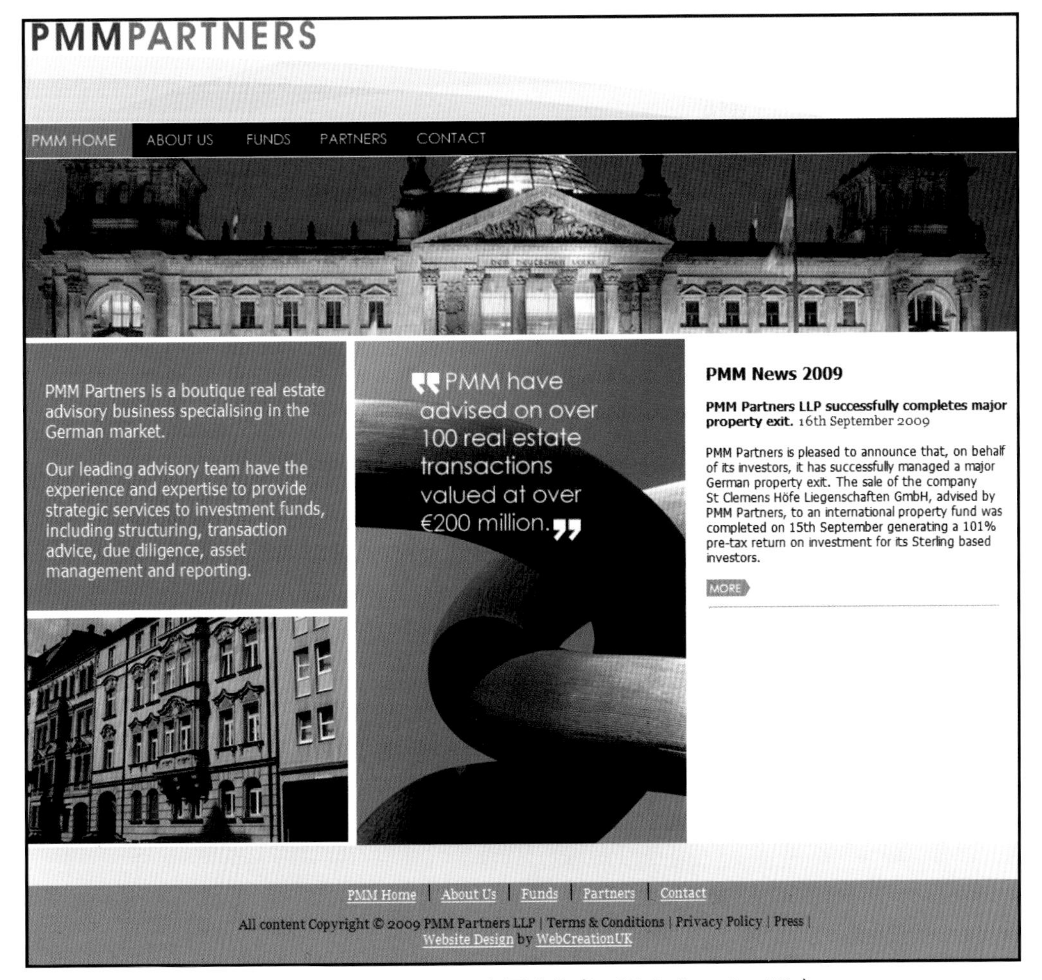

图2—14　Pmmpartners主页（作者：Web Creation Uk）

Avenue27 是国外的一个网上时装销售店，经营各类名牌，时装类型包括时尚服装、服装配饰、名贵皮包等。时尚和风格化是该企业的主要特点，其网站主页见图 2—15。

bluejay 是一个市场研究机构，它主要提供商业策略指导，为各种商业活动提供智力的支持。冷静与睿智的思考是该企业的形象特点，其网站主页见图 2—16。

chatbelt 是一个西方的交友网站，它为那些喜欢网络交友的人群提供建立个人资料和档案的机会。它的用户主要是年轻又有活力的人群，其网站主页见图 2—17。

（2）操作方法

Pmmpartners 的设计显得相当大方。几个简洁而面积较大的面分割了整个页面。这些面的分割十分有条理。它们的边缘线利用了直线的对齐方式来进行编排处理。这些面也给具体的不同栏目内容提供了良好的框架，多样化的文字内容和图片在面的统一下显得非常有层次。另外，在图像和背景底色方面，该网页采用以蓝白为主的基调。蓝色的那种冷静与安详的感觉十分适合该企业的业务特点。

Avenue27 时装销售网站的设计采用几个大而简练的面的分割来进行处理。不难发

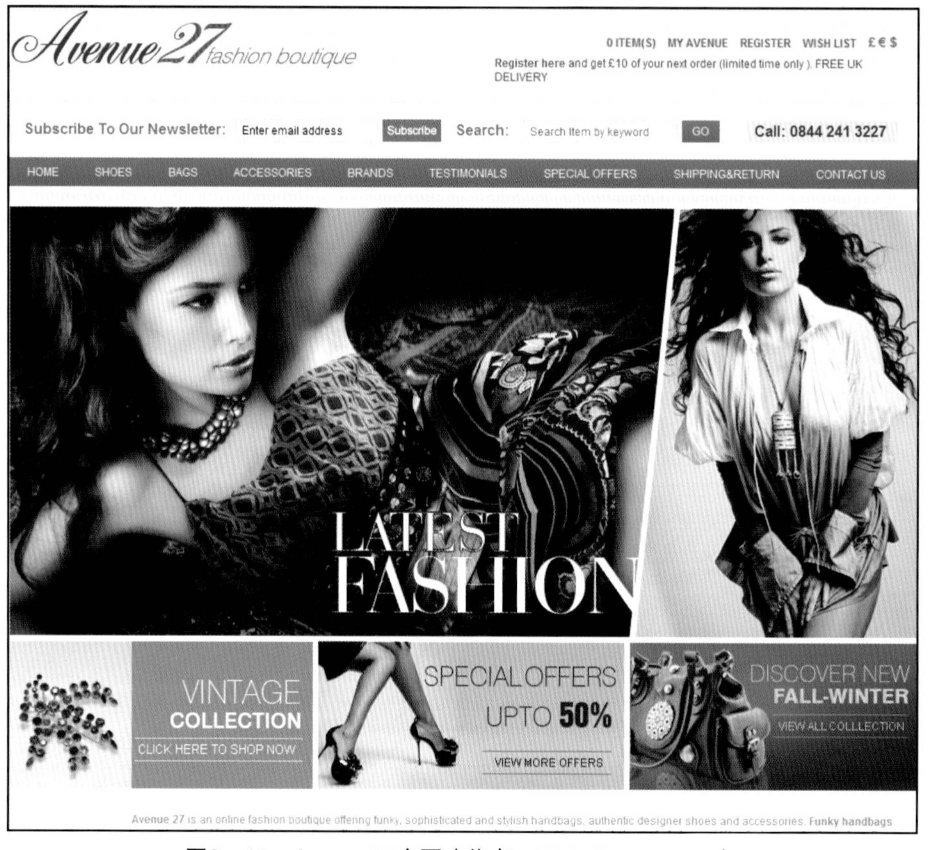

图2—15 Avenue27主页（作者：Web Creation Uk）

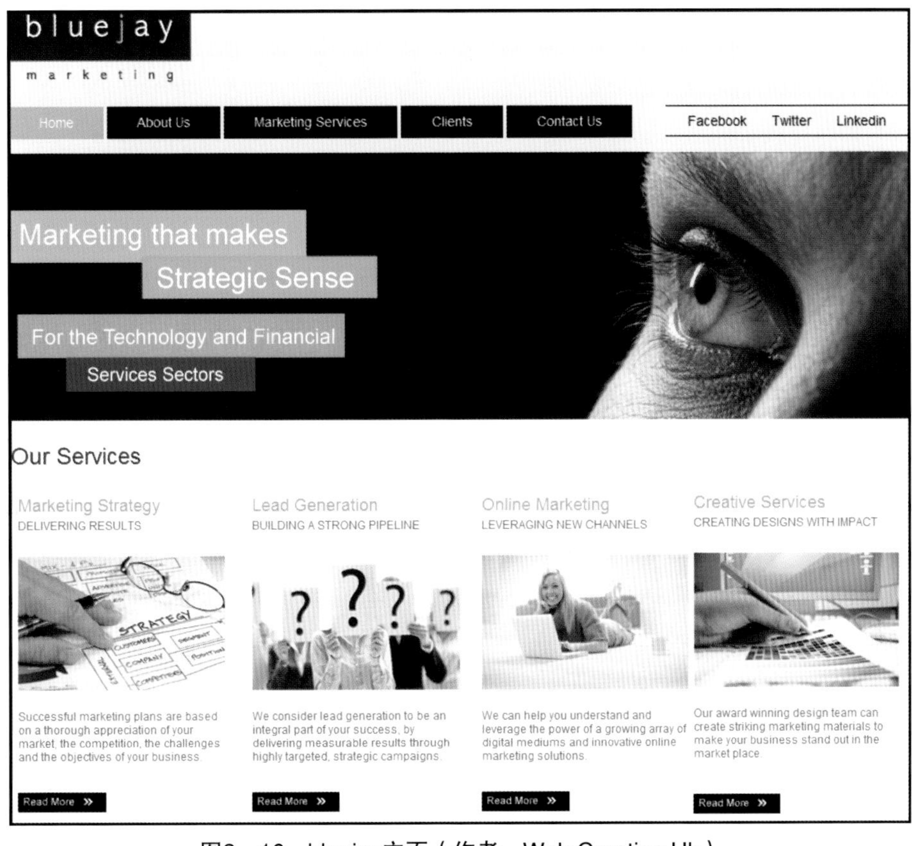

图2—16　bluejay主页（作者：Web Creation Uk）

图2—17　chatbelt聊天交友网站主页

现，该网站的图片相当华丽而富有装饰性，这种炫目的图像和多图并列的方式容易产生喧宾夺主的感觉。然而，网页设计师将这些复杂的图片放置于十分有规律的几块大的面的框架内，使它们既保留了华丽的感觉又不显得凌乱。另外，为了突出时尚这个主题，个别的面被设计成不规则的形状，这样做是有意识地打破由矩形面所带来的过度的严肃感，保持了一定的青春与活力气息。

bluejay 是与 Pmmpartners 类似的市场调研机构，它们共同的特点都是冷静思考与观察。bluejay 的网页设计采用了多个具有比例变化的面的排列，这些面自上而下、由大向小变化。这样分割的好处在于，既保持了页面的整洁性，同时又不失韵律与变化。另外，此网页面与面之间的边线对齐，保持了页面上的规整效果。

chatbelt 作为一个年轻人的交友平台，其网页设计强调了活力的作用。它在页面上运用用户的头像作为主要的内容。每个头像都是一个个人资料档案的点击按钮。设计师精心地将这些个人头像安排到一个个比较小的面上，结合了背景图案的那种墙壁效果。整个页面上大量的小面使页面显得非常有空间层次感，并富有大小比例的变化，灵活地将面转化为一种年轻和活力的外在表现。

（3）操作手段

以上四个案例都体现出了面的不同运用方式，它们能够很好地与各自的主题相匹配，达到了设计的目的。

（4）操作技术

从制作的技术上看，四个不同的网站各有自己的设计特点，整体效果相当不错，能够灵活地对面进行艺术的处理。

六、实验教学问题解答

1. 整体页面编排的作用是什么?

答：基于显示设备的不同，当个别显示器的分辨率过大的时候，会使页面以外的空白空间显露出来，在这个时候就需要考虑如何对整体页面的位置进行编排。居中的编排方式是比较常规的。另外，居左的整体编排方式能够顾及较小的显示器。在选择这两种编排方式的时候适当考虑具体网页的使用人群将让设计目的更加明确。

2. 在运用 F Layer 形式时需要注意什么?

答：F Layer 形式是根据科学的阅读方式而设计的一种页面划分方式，首先它的顶端需要固定放置网页的主要内容，同时左侧的垂直空间根据设计需要来放置重要的内容。这些主体内容一般会是网站的名字、最新消息、主要的导航按钮等。所以在进行编排前，需要对网页的具体内容进行细心的筛选。

3. 点、线、面在网页构成中是否可以综合使用？

答：是。点、线、面都是基础的页面造型元素，它们既有独立性又有关联性。页面可以由单一的元素构成，也可以由它们之间的组合来构成。而且，通过特殊的形式可以将它们互相转换。

4. 面的页面构成与模块式构成有什么区别？

答：面的构成是指面作为一个构成页面的基本单位，是视觉上的基础元素。而模块构成是将页面的内容划分栏目和作为区分不同内容的空间。面构成既可以由内容构成，也可以是独立的“面”元素，而模块式的构成需要严格地将文字和图片等内容放置于预先设定好的模块中。

七、作业

1. 作业内容

作业与实验内容一致，完成以上几种形式的页面构成方式的设计，包括整体位置编排（居左与居中）、F Layer 形式、点的运用、线的运用、面的运用。

2. 作业要求

理解以上几种分割方式，借鉴优秀的网页设计作品或相似的平面设计作品，然后结合自己的实际感受完成作业。题目可以自拟，首先对自己的选题进行初步分析，选择一种合适的界面构成形式，并根据题目收集相应的图片素材并且运用 Photoshop 等软件工具处理图片。在处理图片同时需要认真结合这些形式来思考，力求页面的形式与素材元素达到浑然一体的效果。

3. 时间要求

课后练习，两周后提交。

4. 评价标准

第一，能够理解整体位置编排中的两种方式的效果与作用，同时掌握基本的 Dreamweaver 中相关的页面设计功能，并合理运用它们。（Dreamweaver 的制作技术可以通过自学或课堂讲解完成。）

第二，能够按照 F Layer 形式对页面的内容合理地布局，对核心的或重要的内容进行筛选并且将它们安排到 F Layer 形式的关键位置上。图片与文字字体的选择美观大方。

第三，通过对点、线、面在页面造型上的分析，合理地运用它们。能够合理地分析它们，并且将页面上的图像与文字等元素归纳为这些抽象的点、线、面的方式，能够更好地对页面进行归纳。

第四，所有这些作业都应该做到形式鲜明，对各种形式的特征把握到位，视觉效果能够达到统一与协调，能够把握局部元素与整体形式的一致性。

八、学生作业点评

这次作业主要是对页面的基本编排与元素进行尝试与探索，同时题目是自拟的。

图 2—18 是以 Rosewood 香水为主题的网页设计，选用了以点作为主要页面元素的设计方式。界面的花以点的形体出现，对页面起到了点缀的作用，并成为视觉焦点。其中的 Flash 动画也是围绕点来进行设计的。然而，这些花的造型有所欠缺。另外，在处理大面积的图片的时候没有很好地将它们与点相结合思考，协调性有所不足。

图 2—19 使用了以线为主的造型方式，作者选择了深圳大学校园作为主体，其中的蜂巢式结构是每一个学院页面的进入按钮，它的动画选择了线条渐渐显现的方式，勾出了主页的轮廓。然而从静态的页面看，线的特征还不够明确，线条对页面的分割处理比较少。

图 2—20 是以时尚男性与男性用品为题材的网页设计，选用了面构成的方式，块面之间的比例与排列方式显示出一定的块面感觉，比较整洁，排列有韵律感，图片之间的深浅变化也正好加强了块面之间的节奏感，但是这里选用的文字、字体与网页的格调不协调。

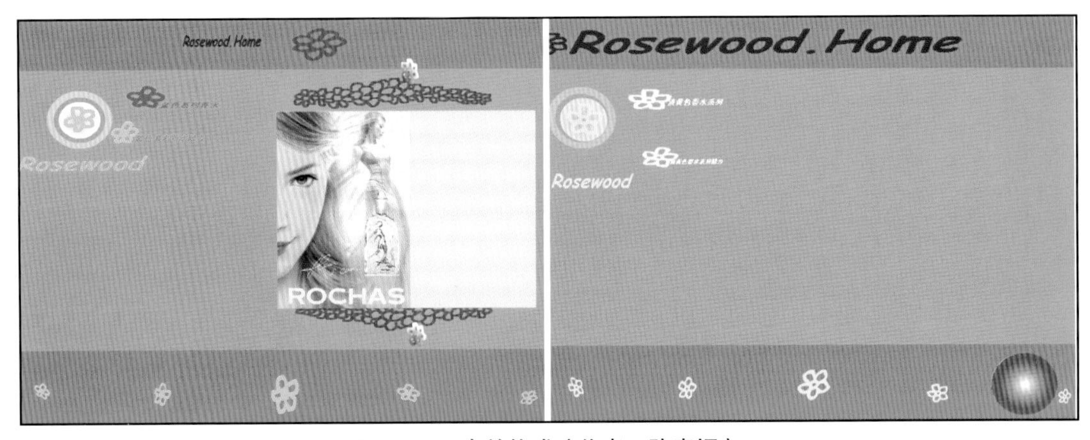

图2—18　点的构成（作者：陈春媚）

图2—19　线的构成（作者：霍金城）

图2—20　面的构成（作者：何超海）

九、参考资料

参考书

1．[美]蒂莫西·萨马拉著，齐际、何清新译．设计元素：平面设计样式．南宁：广西美术出版社，2008．重点阅读：第一章

2．[美]约翰·麦克韦德著，侯景艳译．超越平凡的平面设计：版式设计原理与应用．北京：人民邮电出版社，2010．重点阅读：32~208页

3．辛艺华编著．版式设计．武汉：华中科技大学出版社，2006．

4．[美]丽莎·格雷厄姆著，周姗译．平面设计基础教程：版式设计与文字编排．上海：上海人民美术出版社，2011．重点阅读：第十一章

参考网站

http://www.maya.com.

http://www.bbc.co.uk

http://www.pmm-partners.co.uk

http://webdesign.tutsplus.com/

http://www.avenue27.co.uk/

http://www.bluejaymarketing.co.uk/Default.aspx/、

http://www.chatbelt.com/

http://www.latimes.com/

http://www.gigaom.com/

http://charingxprint.com/

http://www.reflex-nutrition.com/

第三课 界面构成与布局（2）

核心提示

理解与掌握留白、横向分割、纵向分割、模块式结构和黄金分割这几种处理页面的方式，并且能够运用到设计的实践中。

一、实验教学内容

1. 留白
2. 横向分割
3. 纵向分割
4. 模块式结构
5. 黄金分割

二、实验教学的理论知识

1. 留白

留白是指页面中非主体内容的部分。留白这个词来自于国画理论，意思是没有画到的地方或者没有内容的空间。其中“留”字体现了它的精髓，即画面上的空白空间是由作者经过深思熟虑后有意识地保留下来的。它与那种无意识地遗留下来的空白的意义截然相反，产生的艺术效果也有着天壤之别。与此同时，我们也可以将它理解为画面的“阴形”。古人把画面实体物的形状叫做阳形，而把实体物以外的空间形态叫做阴形，阴形和阳形相辅相成、不可分割，而留白的范围往往就是其中的阴形。国画理论中常说“计白当黑”，意思就是把画面上的空白地带当作主体物来认真对待。[①] 从古人对待留白的态度可以看出，它对于艺术与设计的意义巨大，值得我们认真研究与对待。

静态的网页设计通过整合文字、图像、按钮和广告条等元素来构成整体的页面效果并对它们加以艺术化的处理，从而让用户

① 参见《网页制作中的留白设计理念》，http://www.zhigaohuizhan.com/fweb/post/1187.html。

获得美的享受，而留白就是其中一种处理方法。对于网页设计来说，留白主要有以下两种形式：一种是页面的空白的空间，例如，文字段落中的空白处、图片之间的空白间隔地带和广告条与主体内容之间的过渡空间；另一种是主体内容以外的大面积的背景空间，它往往被处理成大面积的单一颜色或者被不断重复的图像背景所覆盖。

留白的作用体现在以下这几个方面。首先，留白能够在视觉上让页面取得均衡的效果，也能够让页面的布局具有松紧、虚实、动静等视觉效果。“疏可走马，密不透风”，意思是指古人作画时，经常在布局的时候将画面上密集的地方画得“密不透风”，而疏松的地方则处理得非常空，以至于“疏可走马”。[①] 这种处理是为了突出“疏”与“密”的对比关系。很多研究资料证实，读者是在浏览页面而不是像读书那样阅读页面，留白正是利用了这种对比关系，让读者的浏览更有效率，同时，读者在浏览过程中的精力也可以被这种疏密得当的网页布局所调节，不容易产生阅读疲劳感。其次，留白能够有效地突出主体或者主要信息。在我们的阅读习惯中，视焦点是很容易被同一页面上最醒目的目标吸引的，留白也是一种强调主要信息和主题的处理方法。当主要信息的周围都是空白的空间的时候，它就很容易被注意了，因为周围被虚化后反而让主要的焦点更加醒目。很多网页设计都很好地利用了这一点来突出网页的主题和重要信息。再次，适当考虑留白能够让网页在视觉上更加简洁。对比那些在同一页中密密麻麻的内容呈现来说，用户更愿意浏览那些页面简洁、主题突出的页面。最后，对于网络来说，留白能够很好地节约流量，尽管现在的网络已经比以往的拨号上网方式快了很多，但毕竟页面的内容还是受到流量的制约，所以尽量避免在同一页面上使用过多的流量以造成用户的等待是设计者需要考虑的。

恰当的留白空间能够给人无限的遐想，同时，它能够让密集而又烦琐的画面或页面产生通透感。另外，恰当的留白能够增强页面的疏密对比效果，起到突出主体的作用。留白的具体效果归纳如下：

第一，背景留白，即将背景处理成平整的空白空间有利于突出主体形象。

第二，使页面上复杂与烦琐的内容与空白的空间形成强力的疏密对比。

第三，留白的空间穿插于页面内容周围，能够产生节奏感和通透感。

运用留白艺术处理方法时应该注意的要点：

第一，注意留白空间的形状与比例，设计者要根据整个页面的构成来进行考虑，一般要以协调作为判断页面的留白空间是否得当的标准。

第二，要结合需要突出和强调的主体来使用留白空间。

第三，过度或者不合适的留白处理容易

---

① 参见《疏可走马和密不透风》，http://www.bnuzz.com/show.aspx?id=936&cid=115。

让页面看上去有未完成感。

2. 横向分割

横向分割在书本设计和宣传册设计中很常见，这种类型的设计一般比较注重视觉效果，或者说希望取得特别的效果。但是在使用功能的便捷性上，它或许不如纵向分割。横向分割大都是把空间大体上分成两部分，常常在上端设置主菜单，有时也可能在下端设置主菜单。横向分割比较适合那些构成很简单，却从视觉角度对商品或企业的图片等要求很高的网站。这种分割方式与纵向分割方式都部分地类似于 F Layer 形式的分割，它们都属于 F Layer 中的某一个主要方向的分割形式。然而，这两种分割方式更适合于那些信息量比较小，而且对视觉效果要求比较高的网页。

在分割方式上的选择主要取决于网站的信息量。如果重视导航要素，要制作信息量大的网站，运用纵向分割是合适的。相反，如果重视设计，想给人留下更好的印象，那么选择横向分割会收到更好的效果。事实上，很多网站都使用横向分割和纵向分割相结合的方式，但即使这样，其主要的分割方式也是侧重于纵向分割和横向分割中某一种分割方式。将上下两部分横向分割的布局会成为突出主要图像的布局，此时要重点考虑的就是图像的质量及配色了。

横向分割的视觉特点：

第一，页面构造以水平线或水平面为主。

第二，主要内容依照水平线方向排列。

第三，具有横向扩张的感觉，具有很强的稳定感。

3. 纵向分割

我们在阅读网页的时候，有时会发现某些网页左侧设置有竖向的菜单栏目，这种设计的好处在于用户能够在阅读的同时也能够顺利地找到全局的菜单，从而更有效地使用该网站。这种类型的设计通常都是在画面的左侧设置菜单，右侧设置正文，最右侧的一定位置做空白处理。这种形态对用户来说是最为熟悉的一种形态。当页面布局设为这种形态时，如果以浏览器的左侧为基准设置内容，那么即使用户随意调整浏览器的大小，也只会对右侧部分的大小产生影响，对左侧的菜单部分不会带来任何影响，所以这也可以算是最为人们所喜爱的一种布局模式。

根据以上我们所谈到的构成方式进行布局，就可以制作出应用最为普遍的一种网站形式。除了左侧的主菜单部分外，在正文右侧的一定区域里也可以设置子菜单或横幅广告、题目、链接等内容。这种方法主要在网站信息量大、分类多、很多项目都需要导航的情况下使用。

一般来说，在纵向分割方式的布局下，网页都把网站标志放置在左侧上端主菜单的上部，也有的把它放置在画面的中央或右侧。把网站标志放置在画面中央的一般都是信息量非常大的门户网站或搜索网站；

把网站标志放置在画面右侧的情况可以在那些要求界面富有创造性的专门领域的网站里看到。

纵向分割的视觉特点：

第一，它以垂直线构成为主。

第二，具有纵向延伸感。

4. 模块式结构

模块式结构网页设计是指根据分类将页面的内容（包括文字、图像、图形等）进行归纳与划分。

模块式结构依赖于有序的虚拟框架。它们是基本框架和包含文字内容的“容器”。这样，页面构图上就有了模块般的组织。模块可以很简单，比如方块或者圆形；也可以是较为复杂的几何形状，比如圆组合、椭圆组合、三角形组合等等。这个体系是使用标准模块来安排版面、承载信息的，字行可以断开或切分为多条，这就如同组合一样，有助于传达信息。

模块式结构的优点在于：

其一，便于对信息进行分类与管理，即使非常烦琐和复杂的信息与图像的混合也能够被很有条理地归纳到模块的造型单元上。

其二，模块的造型可以多样化，能够满足读者对网页设计的视觉需求。

模块式结构的设计要点：

一是需要将信息归纳到模块单元内部，可以把它当做书架一样管理信息。

二是模块的形状可以根据需要进行设计，但是，这些单元模块之间的造型要尽可能相等或者相近，以保持视觉上的统一感与协调感。

三是模块式结构多数采用线框或隐藏的线框来描绘模块单元。通过线框的形状可以清晰地分辨出模块，与此同时，有的设计作品利用模块与模块之间的空白空间来作为模块的边缘，而不做抠线框的处理。

5. 黄金分割

黄金分割是根据数学分析得出的自然和谐的比例关系，数字 1.618 是黄金比例的关键数字，所有满足 1.618 比例的事物都具有自然和谐之美。黄金比现在已经被各种设计采用和接受，它对于网页的页面划分也十分有意义。

大约在公元前 6 世纪，古希腊的毕达哥拉斯学派研究过正五边形和正十边形的画法，从那时起，该学派基本上已经认识到黄金分割，甚至已经掌握了这种比例关系。到了公元前 4 世纪，相关的比例理论出现了，古希腊数学家多克索斯是第一个系统地研究这一理论的学者。公元前 300 年左右，欧几里得在著作《几何原理》中吸收了前人的研究成果，并且进一步讨论了黄金分割，该论著也是最早的有关黄金分割的论著。中世纪后期，黄金分割比例被意大利数学家帕乔称为神圣比例。到了 19 世纪，黄金分割被广泛地应用到实际中。美国数学家基弗在 1953 年提出 1:0.618 分割法。黄金分割法于

20 世纪 70 年代在中国获得推广。

我们可以通过具体的比例图来观察黄金分割比例关系（见图 3—1）。简单地讲，假设有一条线段被分成 a 和 b 两段，若 a+b/a=a/b=1.618，这样的比例就是黄金分割比例。如果概括得更加简明一点，我们可以这样理解，如果一段线段被分成两段，该线段的总长度与其中一段的比例是 1.618，那么这个比例就是黄金分割比例（见图 3—2）。

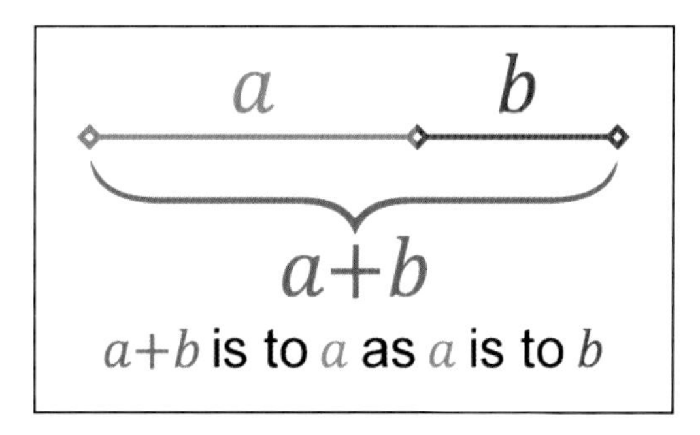

图3—1　黄金分割比例图示

以一个 960px 宽度的网页设计布局为例，假如我们要将这个网页分成两栏，如何才能找到它们的黄金分割点呢？非常简单，从上面的数学公式中我们知道 a+b/a=1.618，960px 就相当于 a+b 的值，960/1.618=593，所以 593px 的位置就是黄金分割点。这样在两栏的网页布局中，将左边栏宽度设为 593px，右边栏宽度设为 367px 就可以了。[①]

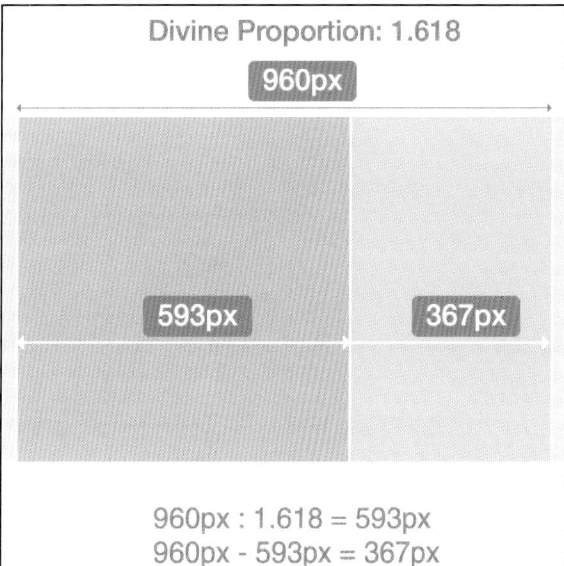

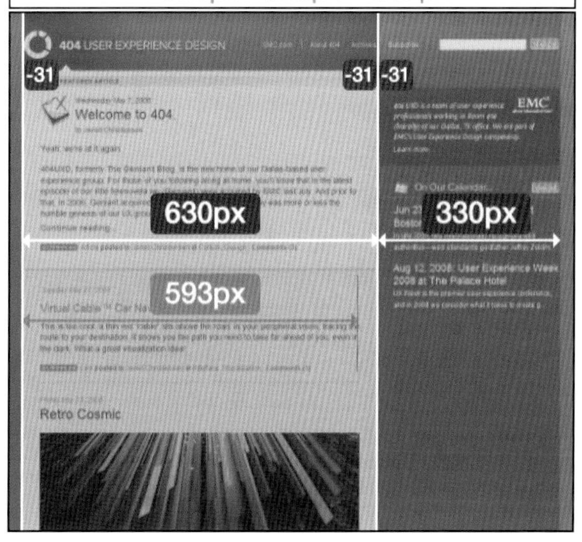

图3—2　网页设计中应用的黄金分割比例

在设计的应用中，黄金分割方式有的时候被归纳为九宫格的形式，即整个页面被均匀地划分为九个区域，而这几条划分线的位置往往成为用户的兴趣点，当主体对象被放置于这些位置的时候，就会产生黄金分割比般的美感，该方法被摄影和绘画大量地采用。

黄金分割的优点：

第一，符合黄金分割的审美比例，能

① 参见《在网页设计中运用黄金分割》，http://www.shejibox.com/golden-ratio-to-your-web-designs。

够让网页的设计在视觉上更具美感。

第二，黄金分割源自于数学，它能让设计更符合数理的规律，在视觉上更加严谨。

三、实验教学设备条件

1. 设备条件

投影仪、电脑、实物投影仪。

2. 实验场地

实训教室。

3. 工具、材料

草稿纸、彩色铅笔、Dreamweaver、Photoshop、电脑和手写板等。

四、实验教学设计与要求

1. 实验名称

网页界面构成 2。

2. 实验目的

掌握与理解上述几种页面划分方法。

3. 实验内容

认识并掌握留白、横向分割、纵向分割、模块式结构和黄金分割方法。

4. 实验要求

第一，能够根据自己选择的内容与主题合理地使用上述五种页面形式。

第二，能够掌握每种划分方式的特点，最好能够做到既能单独运用某种形式，又能综合使用它们。做到在设计页面的时候，多方面地考虑问题并尽可能考虑周全。

第三，能够做到整体效果美观、整洁、易阅读。

第四，颜色和字体的选择不限。

第五，具有美感。

第六，页面的宽度尺寸控制在 1024 或者 800 像素范围内。纵向尺寸和比例不限。

第七，掌握 Dreamweaver 的基本表格使用方法。

5. 组织形式

可以由每个学生独立完成自己的设计，也可以由 2~3 个学生一组进行讨论与交流，同时教师在实验过程中给予辅导与提示。

6. 实验课时

3 课时 + 课余时间。

7. 质量标准

第一，能够理解留白的效果与作用，学会在页面设计上运用留白的处理，掌握 Dreamweaver 中基本表格的应用。

第二，能够按照 F Layer 形式对页面的内容合理地布局，并且对核心的或重要的内容进行筛选，将它们安排到 F Layer 形式的关键位置上。图片与文字字体的选择要美观大方。

第三，分析点、线、面在页面造型上的作用，合理地运用它们。能够将页面上的图像与文字等元素归纳为抽象的点、线、面形式，从而更好地对页面进行归纳。

五、实验教学案例分析

1. 空间留白

（1）背景资料

Mutt’s Nuts 是国外专门为宠物狗美容的小型企业，它能够为不同品种的宠物狗提供专门的形象设计。同时，该公司还有设计独特的宠物狗饰品（见图 3—3）。

Dible & Roy 是英国的一家家居用品和装饰品的销售网站（见图 3—4）。

EFM Lines 是英国的一家财务会计机构，它主要的业务是通过财务审查帮助政府、企业和个人来节约开支与增加储蓄（见图 3—5）。

（2）操作方法

根据 Mutt’s Nuts 的业务特点，宠物狗的设计形象应该是其网页的宣传重点，同时也是用户的兴趣点。根据这个重点，该网页的设计师去除背景，将占据页面较大面积的宠物狗形象作为页面的主体。图片的大面积留白对这些造型独特

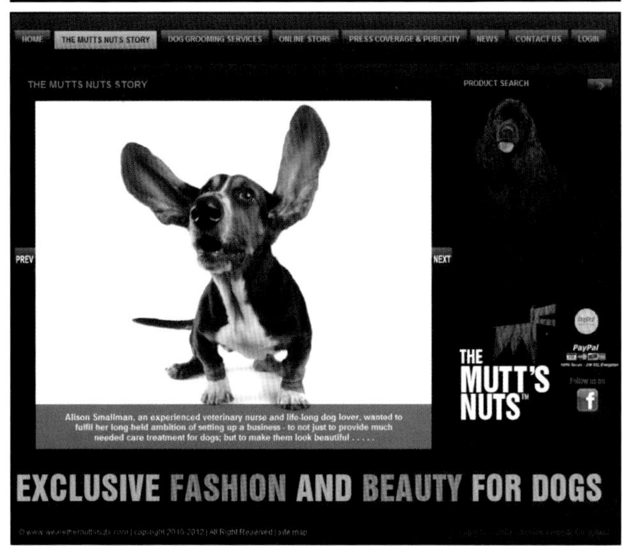

图3—3　Mutt’s Nuts宠物美容用品店主页

的宠物狗形象起到了很好的突出作用，用户的视线能够很容易地集中到这些图像上。这种大面积的留白对主体的衬托显得非常有效。同时，页面上的其他文字与按钮都能够非常和谐地处于整个页面的从属地位。

Dible & Roy 的页面设计采用了比较工整的排列式的页面构成方式，同时，在各个栏目或者面的中间穿插了具有一定层次变

Home Carpets & Flooring Wood Flooring Stone Flooring Fabric & Wallpaper Blinds & Shutters Curtains & Make-up Poles & Tracks Furniture Stock Trade Offers Showroom Contact Us

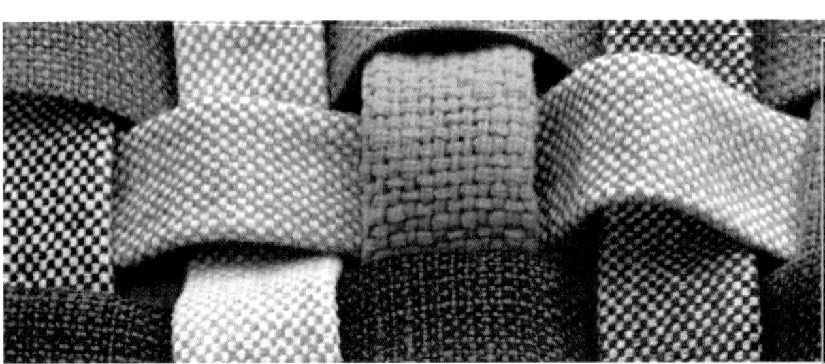

Dible & Roy is a family run business established in 1980, retaining its emphasis on traditional values of service over the past 30 years we have built up a fine reputation with our ever increasing clientele.
We design, supply and install domestic and contract interior furnishings encompassing everything you will need to make a house your home offering competitive rates and a unique price promise with the widest range of samples available to choose from in store. We offer bespoke make up or supply only on all products.

Carpets & Flooring

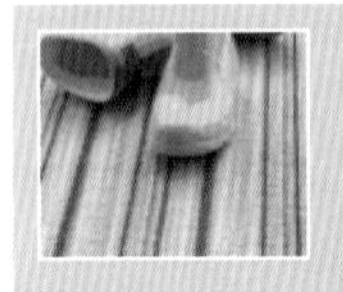

Dible & Roy have been specialising in superlative quality flooring and intricate projects since we were established in 1980. Working closely with our fitters over the past 25 years we have established a reputation for our high quality workmanship that has led to winning the projects where others won't tread.
READ MORE

Wood Flooring

Dible & Roy's success in carpeting led to us expanding into the world of wood over 10 years ago and by using our fore gained experience of quality floor coverings we have gone from strength to strength broadening our breadth of experience.
READ MORE

Stone Flooring

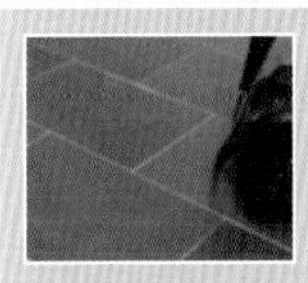

Dible & Roy has its wide range of natural stone flooring beautifully displayed in our newly refurbished showroom. We offer delivery to the destination of you choice and have a free sampling service on all our products.
READ MORE

Fabric & Wallpaper

Dible & Roy is probably most well known for its all-embracing range of fabrics & wallpapers; we would have no hesitation in telling you that our collection is by far the most excellent for miles around and boasts over 2000 fabric & wallpaper books from over 100 suppliers worldwide. That is something like 100,000 different options of fabrics and wallpapers all beneath one roof.
READ MORE

Blinds & Shutters

Dible & Roy are specialists in all types of window blinds and interior shutters. Blind or shutters are a great way to dress a window and can often be used where curtains can't. Contact us to find out what we can do with your windows, it is most likely that we can show you something new that you didn't know

Poles & Tracks

Dible & Roy's choice of Poles & Rails is so vast that we really can do anything. Don't think of a curtain pole as something to hold your curtains up, think of them as a work of art that can be a feature of your window dressing. The wide range of options that is available today is staggering with new designs

图3—4　Dible & Roy网上家居用品店主页

图3—5　EFM Lines财务机构主页

化的空白面。这些留白的变化与穿插很好地丰富了页面的视觉效果，打破了这种规整构成的呆板性，也增强了页面的节奏感，EFM Lines的页面运用了很多炫目和华丽的图片与文字。在这些造型复杂的内容周围，有合适的空白空间，从而实现了繁杂与简约的对比。这种对比将图文衬托得更加华丽。

（3）操作手段

Mutt's Nuts、Dible & Roy 和 EFM Lines 网页的设计都充分地考虑了留白的作用，并根据各自的网页特点与需求有针对性地运用了它。

（4）操作技术

这三个案例使用留白的空间处理方式完成设计，在网页框架设计的基础上，非常有效地处理了页面的空间，让这些看上去没有内容的空间发挥出了在设计上应有的作用。

2. 横向分割

（1）背景资料

Woo 是一个个人网页，该网页主要展

现作者的大学校园生活（见图 3—6）。

（2）操作方法

将图片和文字都顺延这些横向的线条排列，使整体的横向结构线条横穿整个页面，具有横向扩张和延伸的感觉。在视觉效果上显得相当稳重，体现出作者的个性与气质。采用了经过处理的带有旧照片感觉的图像，营造出非常具有回忆感的视觉效果，按钮被安排到这些横向排列的文字上。

（3）操作手段

能够运用横向的线条作为划分页面的方式，整体效果配合得比较好，具有稳重的视觉感。

（4）操作技术

简洁的页面内容被归纳到几条水平线结构上，主题突出，稳定感强。

3. 纵向分割

（1）背景资料

Celli 是国外一个婚礼机构，主要业务包括拍摄婚纱照和主持婚礼宴会等（见图 3—7）。

（2）操作方法

婚礼在大部分人心中都具有一定的神圣感，欧洲的设计者们大量采用拉长的垂直线来构成建筑，给人以非常崇高的视觉感受。纵向排列的分割形式也会起到异曲同工的效果。Celli 网站的页面采用了竖向分割方式，为婚礼营造出一种神圣的感觉。

（3）操作手段

采用了竖向分割的基本页面构成，使所有的元素都大致以竖线排列，图文的颜色采用黑白为主的基调，能够烘托出一定的神圣感。

（4）操作技术

能够根据婚礼主题合理划分页面，并配合了舒雅的黑白图片与文字，整体感非常协调。

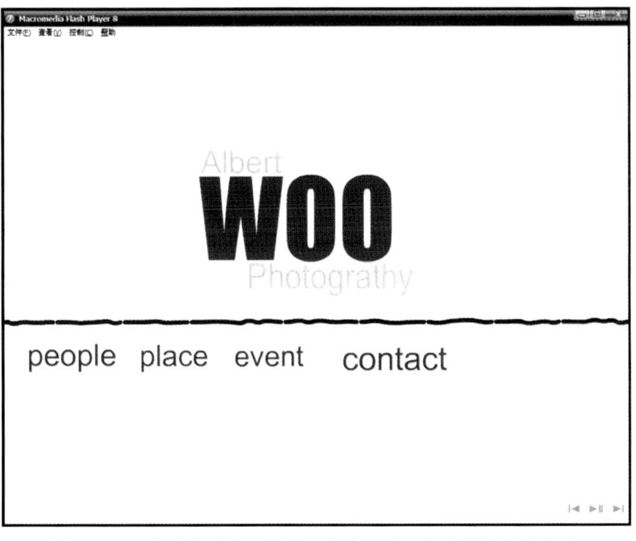

图3—6　个人网站主页 （作者：深圳大学 伍思锋）

4. 模块式结构

（1）背景资料

Ibertek 是英国一家专门为商业企业提供服务的软件设计企业，他们的客户主要来自英国等欧洲国家。他们还提供软件设计顾问和解决方案等方面的服务。严谨而认真的服务态度与设计精神是这类与管理相关的企业的特点。

（2）操作方法

Ibertek 的网页设计采用了非常整齐的模块结构方式，页面上的主要内容被安放在几个摆放整齐的矩形框内（见图 3—8）。每个页面上的图片都占据了一个比较大的模块单元。整体的色彩与图片选择都体现出了规整的感觉。另外，设计师在处理模块造型的时候，还考虑到统一的模块之间的比例关系，从页面上我们可以看到模块在排列整齐的同时，还有面积大小的变化，大的模块放置图片，小的模块放置主要的文字内容，这样设计主要是为了增强页面的视觉韵律的变化。矩形的基础模块单元十分规整，然而缺乏变化就容易造成呆板的感觉，适当地利用模块的大小变化能够很好地解决这个问题。

（3）操作手段

整齐的模块方式让这个网页看上去结构明晰，非常有条理。

图3—7　婚礼服务机构Celli的主页

（4）操作技术

该网页的设计非常简洁，运用了良好的模块式结构将图片和内容进行有效的管理，同时利用模块单元之间的大小比例的变化，形成了良好的视觉韵律感。

5. 黄金分割

（1）背景资料

Demandware 是一家立足于网络商业广告营销策划的企业，该企业成立于 2004 年，其业务主要包括网站推广与网络营销，另外，该企业也为客户设计广告软件。

（2）操作方法

我们从 Demandware 网页构成中主要栏目的摆放位置可以看出它采用黄金分割方式对页面的主要内容和兴趣点进行了编排，它在主要的广告条上方采用了大比例图片，而这些图片的视觉中心正好也都被安排到黄金分割的位置上（见图 3—9）。与此同时，下方的文字和文字导航栏目被分成了三个部分，每个部分之间的位置也正好处于黄金分割线的垂直位置。从整体视觉上看，该网页的设计既均衡又具有美感，各个区域的划分比例相当协调。另外，作为网络营销与推广企业，它在视觉元素的运用方面较多地使用了具有透明感的图标，更能体现网络作为一种新媒体所带来的新鲜感与新挑战。

（3）操作手段

Demandware 的设计运用了黄金分割方式，在页面分布上非常均衡并具有黄金分割的节奏与韵律感。

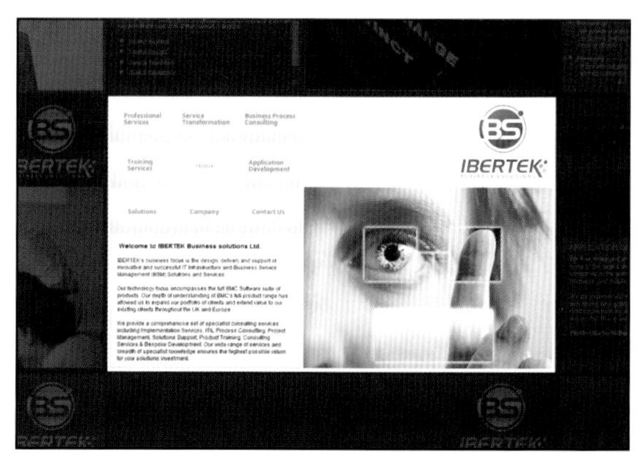

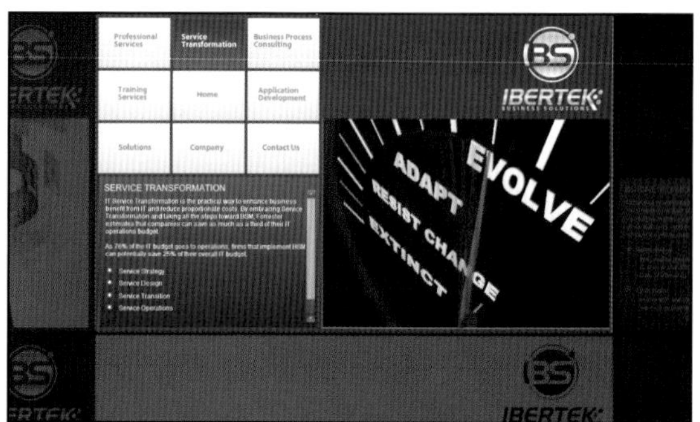

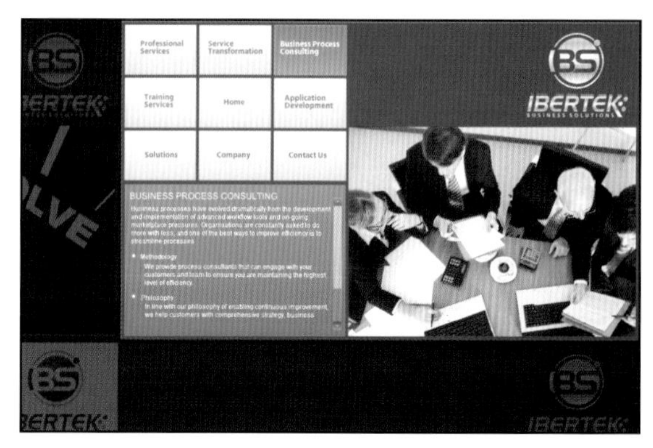

图3—8　Ibertek管理软件开发与服务网站的页面
（作者：Web Creation UK）

图3—9　Demandware网络推广与营销企业网站的页面

（4）操作技术

该网页对页面整体的划分和主要元素的安排都遵循黄金分割比例。

六、实验教学问题解答

1. 是否所有的网页设计都需要考虑留白？留白和主体内容空间是否存在固定的比例关系？

答：是的，即使是用“满”构图的页面设计，也需要考虑留白。在这种情况下，留白就变成空间中占比较小的一部分，有的时候甚至将留白的空间设置为0。另外，留白与主体空间的比例关系没有固定的数据，主要根据整个页面的视觉效果和韵律来进行灵活地调整。当然，我们也可以参考黄金分割比例来处理留白，但最终比例还是由空间的整体视觉效果决定。

2. 黄金分割法在实际应用中的作用是什么？是否需要严格按照 1：1.618 的比例进行分割？

答：黄金分割法能够很好地指导我们进行图文位置的摆放，从大的页面到具体的栏目与图像都可以按照黄金分割法进行。另外，黄金分割是数学上的理想比例，但在实际应用中可以根据实际情况与最终的审美效果进行适当的比例调节，即可以稍微改变 1:1.618 的比例关系，这是因为在实际应用中，很多时候都难以实现这么完美与标准的比例关系，这个问题在其他领域的应用也是这样的。最后要注意的是，黄金分割法也只是一种理论指导的方法，它并不能完全作为审美的唯一标准，我们也需要避免过于僵化地运用黄金比例，所以，在利用它的同时，还需要通过最后的视觉效果进行检验，并适当进行调节。

3. 横向分割与纵向分割是否可以综合利用？

答：可以，这两种分割方法各有特点，但是建议以其中一种作为主要分割方式。

七、作业

1. 作业内容

分别完成横向分割、纵向分割、模块式结构与黄金分割法的练习。每个练习完成一个页面设计。

2. 作业要求

在做这些作业的同时，应该将留白中对空间处理的方法融入这些分割方式中，使页面的疏密对比有序并富有节奏感。

首先，理解以上几种处理页面的方式，借鉴优秀的网页设计作品或相似的平面设计作品，然后结合自己的实际感受完成作业。

其次，尽管很多优秀的网页设计作品包含了多种处理方式，但要注意每种方式的特点并在作业中体现它们的特点。

3. 时间要求

课后练习，两周后提交。

4. 评价标准

第一，能够理解留白的效果与作用，同时掌握 Dreamweaver 中基本的页面设计功能，并合理运用。

第二，能够按照横向分割与纵向分割的方式对页面的内容进行分配与划分，图片与文字体的选择要美观大方。

第三，掌握与运用黄金分割法对页面进行处理，能够体现黄金分割的审美特点。

第四，适当地将上述几种方式进行综合处理，达到融会贯通的程度。视觉效果要整洁大方，富有艺术感，

八、学生作业点评

图 3—10 使用了留白的处理方法，作者注意到了空间的疏密关系，用大面积没有内容的空白地带比较好地衬托出了主体内容，通过这种对比突出了主体内容，其中的动画比较流畅生动。

图 3—11 是一个电影主题网站，其内容主要集中于对经典电影的介绍。作者使用横向布局的处理方式，使构成比较稳重、端正。个别页面的图像使用了曲面外形，起到了调节纵横分割的页面与丰富页面变化的作用，色调的选择也符合主题需要。但从页面整体的黑白灰关系上看，在对比度方面有所不足。

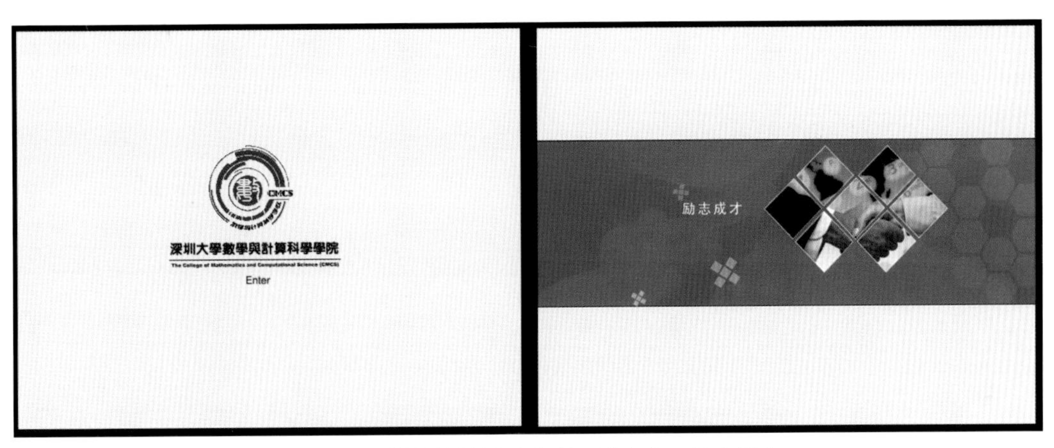

图3—10　留白的运用（作者：黄中文、王文明）

图3—11　横向布局的运用（作者：黄太泉）

九、参考资料

参考书

1. [美]蒂莫西·萨马拉著，齐际、何清新译．设计元素：平面设计样式．南宁：广西美术出版社，2008．重点阅读：第一章

2. [美]约翰·麦克韦德著，侯景艳译．超越平凡的平面设计：版式设计原理与应用．北京：人民邮电出版社，2010. 重点阅读：32~208 页

3. 辛艺华．版式设计．武汉：华中科技大学出版社，2006. 重点阅读：第三章、第四章

4. [美]丽莎·格雷厄姆著，周姗译．平面设计基础教程：版式设计与文字编排．上海：上海人民美术出版社，2011. 重点阅读：第十一章

5. [韩]黄在贤著，宏聚宸翻译中心译．设计师谈精彩网页设计．北京：电子工业出版社，2004. 重点阅读：2~22 页

参考网站

http://www.studa.net/meishu/110412/1055161.html

http://zh.wikipedia.org/zh/%E9%BB%84%E9%87%91%E5%88%86%E5%89%B2

http://www.smashingmagazine.com/2008/05/29/applying-divine-proportion-to-web-design/

http://www.shejibox.com/golden-ratio-to-your-web-designs/

http://wearethemuttsnuts.com/index.php?main_page=index

http://www.dibleandroy.co.uk/

http://www.smashingmagazine.com/2008/05/29/applying-divine-proportion-to-web-design/

第三实验阶段

网页色彩运用

第四课 网络视觉色彩运用（1）

核心提示

掌握网络色彩的要素。理解与掌握色调并能够运用这些色调进行设计。

一、实验教学内容

1. 网络色彩基础知识

2. 色调作用与特征

二、实验教学的理论知识

色彩在视觉表现中的作用是非常有力的，这反映在无数成功的设计作品中。印象派兴起后，艺术家和设计师就更加关注色彩的表现力，在变化万千的色彩现象中寻找色彩特性、表现力、情感等。色彩又好比是音乐，从视觉中看它既可以是低爵士乐符又可以是高调现代音乐。例如，在康定斯基的作品中我们可以深刻地体会到它的节奏。现代的新设计和新媒体依然对色彩运用有创新的追求，如著名导演张艺谋在《满城尽带黄金甲》中就尝试在场景中使用迷幻而又绚丽的色彩，以求渲染一种幻觉般而又让人窒息的气氛。在网络设计方面，基于网络色彩的特点和使用环境的特殊性，色彩的运用往往带有明确的目的性和与创造性。所以在这个章节我们主要探讨色彩在网页设计中的运用。

1. 网络色彩基础知识

相对于绘画和印刷品的色彩来说，网络的显示色彩有它独特的使用环境。随着电脑技术的发展，家用电脑的普及化程度非常高。然而，各种不同品牌的显示器在显示某些色彩的时候会略有不同，这是由不同的生产商所使用的不同技术所导致的。与此同时，还存在由于同一品牌显示器的产品升级而导致的差异（在色彩显示的还原方面，过去的台式显示器中的钻石珑显示管是色彩实现得比较好的一类设备，索尼和飞利浦都曾经出售过这类适合于设计使用的显示器。而现在的主流液晶显示器在色彩还原方面就相对逊色一点。某些设计企业和工作室还在坚持使用台式显示器，例如著名的皮克斯工作室）。尽管这些差异并不太明显，但是所有的设计师和艺术家都深深地明白色彩的效果会受到这种细微区别的影响。所以，理解网络环境下的色彩显示有助于设计师们高效地使用色彩完成网络设计的任务。

(1) 网络色彩的运行环境

现代的网络显示主要与显示器和网络速度的关联比较大，显示器的色彩显示是以像素点作为基础单位的，它上面每一个像素点能够显示一个单独的色相点，结合观众生理上的视觉调和的作用进行色彩显示。这种显示方式就如同修拉的点彩作品一样，尽管每个点的颜色不一样，但是它最终的整体色彩效果却是丰富的。从理论上说，这种显示方式可以完全显示出我们日常所能够看到的所有色彩。然而，在网络的运行环境下，色彩的显示质量受到网络速度的限制，这是因为丰富的色彩效果肯定需要更大的网络流量来支持。所以在网络速度受到限制的时代，网络色彩的显示目的是在产生最小的文件格式的前提下，进行色彩设计与运用。

从现代的技术上看，网络色彩的原理如下：三原色 R(红)、G(绿)、B(蓝)作为基础颜色显示单位，是根据光学原理划分出来的三种本质的光学色彩。显示器上的每个单位像素包含了 8 位元的信息，在 0 ~ 255 的区间中有 256 个单元。0 代表完全无光，255 是最亮的。真彩色指的是 24 位元，它的色彩比较接近实际的色彩。我们在网页设计的时候经常看到 HTML 的色彩的对应编码为字母与数字的组合，这种编码就是每个颜色各自的编号，电脑程序可以根据这些写好的代码调用指定的色彩。基本上，我们可以根据设计的需要在电脑软件上调出大部分的颜色。

(2) 网页的安全色

在现代产品飞速更新换代的时代，网络用户使用的硬件千差万别。一般说来，网络用户的硬件越先进就越少遇到使用问题。例如人们在玩游戏的时候总会发现很多最新的大型游戏在自己的旧机器上无法运行，需要更新硬件才能够安装和正常地使用。然而，网络环境是针对大多数用户的，即不管用户的硬件先进与否都应该尽量满足他们的浏览和使用，从而实现用户最大化，并完成最有效益的传播。与此同时，各品牌的显示器终端在色彩显示上有细微差异，这些差异往往使完美的色彩方案“变味”。所以在色彩显示方面，设计师们首先要兼顾最高端与最低端的硬件用户，只有这样做才能满足全部用户的需求。为了实现这一点，就需要一个统一的色彩标准——网页安全色。

网页安全色的具体解析如下：如果用户的终端机器只支持 8 位元的色彩显示，那么我们在真彩色 24 位元中调出来的颜色就会出现色彩显示差异的问题。尽管随着现代设备的进步，大部分用户都可以使用 16 位元以上的颜色，但是还存在一部分用户的终端机器在 256 色之下运行。考虑到这方面的因素，就需要运用网络安全色来解决这些问题。网络安全色是以 8 位元作为基准的，它们现在可以在大部分的设计软件中调用出来，能够最大限度地保证色彩在不同终端机器上的一致性。

（3）网络色彩的模式

网络色彩模式是指在网络环境下的色彩显示方式，这些显示方式直接影响色彩的显示质量、显示效果和对终端硬件的要求。了解这些模式有助于设计师有效地使用网络色彩。这些色彩模式包括位图模式、灰度模式、RGB 色彩模式、CMYK 模式、INDEX 模式和 Lab 模式。它们各自有自己的针对情境和用处。根据项目的要求选择合适的模式是网络设计需要考虑的问题。现在能够处理网络图片色彩的软件主要有 Coreldraw、Photoshop、Dreamweaver 和 Flash 等。

位图模式　位图模式是一种常用的电脑处理图像模式，它对应的格式是 bitmap。它利用电脑显示色彩中的黑色和白色作为基础的单位来处理色彩。这种模式的优点是它产生出来的文件所占的容量非常小。然而，导致图像色彩失真是它的缺点，所以在使用该种模式的时候，需要适当考虑正在处理的图像是否在页面设计中占有主导地位。一般说来，一些次要的图片往往适合使用这种模式来节约流量。

灰度模式　灰度模式的作用是将有色彩的图像处理成无色彩的，即以黑、白、灰的方式呈现色彩的层次，或者说是对彩色图片进行去色处理，去掉色彩后的图像文件所占的流量更小。

RGB 色彩模式　RGB 模式是根据光学原理，将色彩中最基础的红、绿和蓝作为基本的色彩单元。这种利用光色相加的方式在色彩学上叫做“加色法”。在这种模式下所调出来的颜色比较接近绘画调色的感觉。

CMYK 模式　CMYK 模式主要是为印刷服务的一种色彩标准模式，它将墨水颜料的四种基本颜色作为调色的基础，在大部分的设计软件中都可以查找对应的 CMYK 数值，这样能够准确地获得某个色彩的数据。

INDEX 模式　INDEX 模式是将色彩的选择范围定在 256 色以内，尽管这种模式在色彩使用的时候有一定的局限性，但这 256 色是经过大部分的电脑显示的测试的，所以在终端电脑不低于 256 色的色彩显示的情况下，它能够比较好地保持色彩不变。

2. 色调作用与特征

网页设计和艺术作品设计一样，每个页面都有一个整体的色彩倾向，就是说，无论页面的色彩多么的丰富，它总会呈现出一个整体的色彩效果。这又类似于照相机中常常使用的滤镜一样，当镜头装上滤镜后，滤镜会把某种色彩过滤掉，这样在删减特定的色彩后，照片就能够在减少复杂的色彩后取得和谐统一。对色调的良好把握往往能够让作品更有感染力。然而，色彩的搭配理论属于传统的色彩理论，在现代的色彩显示方面，暂时还没有更好的表述，因此，我们在设计的发布阶段就需要依靠设计者根据已经设计好的视觉草稿和方案进行一定的色彩转换。在这里我们以 CMYK 色彩作为基础的色彩搭配讲授，最后产生出来的方案可以根据 Web 安全色和 RGB 颜色重新选择。需要注意的是，除了面积比较大的色块和要求准确性高的色块以外，其他色彩尽管存在小的差异，但在不影响整体色彩效果的前期下，可以直接使用 CMYK 模式的色彩。

以下是 Coreldraw 的色彩填充显示。根据 CMYK 的数值，我们可以科学地将组成色调的单独色彩依据明度、纯度和色相划分出相对应的区间，这样有助于我们理性地选择色彩。大部分的图形和图像软件都支持 CMYK 模式。

图 4-1 为 Coreldraw 的均匀填充调色器，在选用了 CMYK 模式后，可以看到右边相对应的 C、M、Y、K 数值。左边正方块显示的是同一色相的颜色中的明度和纯度。中间竖立的长方形显示的是可选的色相。这两个区间的颜色是与右边的 CMYK 数值相对应的。

图 4-2 是色彩的明度、纯度和色相的位置与示意。箭头指向的方向是色彩的数值由低往高的排列。

图 4-3 中标注的是由各种色调组成的颜色的区间。将选择的颜色固定在某个区间内可以保持色调。同时，色相可以灵活地按

图4—1　均匀填充调色器

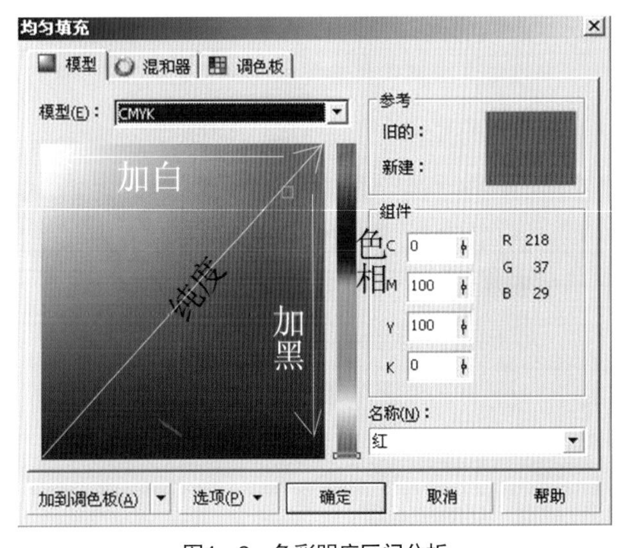

图4—2　色彩明度区间分析

需要进行选择。

（1）纯色调

纯色调是由不同色相的高纯度色彩构成的。其中的每个色相都色彩鲜明、个性十足，它们产生的对比也十分强烈，色彩的特性十分明显。这类色调的色味浓郁，容易让人产生兴奋的感觉，符合年轻人和儿童的审美——充满活力和朝气。同时，它又具有积极向上、动荡和膨胀的视觉感觉。

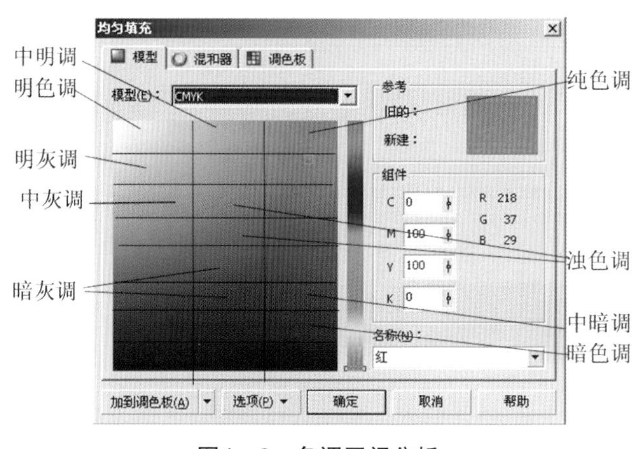

图4—3　色调区间分析

在艺术史上，野兽派画家们的作品很多都采用了纯色调的色彩组合，这与这个流派的画家们奔放的艺术风格有一定的关联。他们运用强烈的色彩描绘出激昂而不乏浪漫的色彩气氛，体现了这个流派运用色彩的特点。同样的，艺术家洛斯利用了色彩的冷和暖作为色彩运用的秩序，将鲜艳的色彩有规律地组合起来，从而让它们既具有色彩的个性又不缺乏整体的韵味。

我国的蜡染服装是以蓝颜色为主的高纯色组合，呈现出了鲜艳夺目而富有朝气的色调。在非洲很多的原始部落的文化中，装饰品、生活用品和艺术品等都大量使用了高纯度色彩，这些都反映出了非洲文化奔放和富有生气的一面。

（2）中明调

中明调色彩的原理是：在使用 24 色环的颜色的时候，所有色相都平均地增加一定的明度（适量）。各个色彩提高了明度后，在色彩上都倾向于带有白色的统一效果，在视觉上清新、明朗、脱俗，代表了青年男女那种既富有朝气又略带清纯的感觉。另外，这种色调还给人一种亲切的感觉，因为所有色相都提高了明度，色彩带有“粉”的味道。这是很多护肤品和化妆品在设计包装时经常使用的色调，这是因为这类产品都是贴近人们生活的，而清新又亲切的中明调色彩能够赋予产品亲切感。请参考图 4−3 中的中明调区间。

（3）明色调

明色调色彩的特征是在使用基本 24 色环色相上统一地大量提高颜色的亮度。这种色调能够让色彩色相的特征减弱，明度大幅提高。明色调能够给人清新自然、清爽明亮的感觉，如春天一般富有生命力。在视觉上它的色调显得温和、明快、清朗。然而，因为所有的色相都提高了明度，脂粉味也显得更明显。明色调有高雅和娇嫩的感觉，好像少女清新动人。在很多夏日时装的设计方面，它经常被使用，在炎炎的夏日中，清爽的颜色让人耳目一新。明色调也很适合日用品，如毛巾、墙纸和浴室用具等的包装和设计，这是因为它们都需要视觉上的“净化”。

三、实验教学设备条件

1. 设备条件

投影仪、电脑、实物投影仪。

2. 实验场地

实训教室。

3. 工具、材料

草稿纸、彩色铅笔、Dreamweaver、Photoshop、Flash、计算机和手写板等。

四、实验教学设计与要求

1. 实验名称

网络视觉色彩运用 1。

2. 实验目的

通过对网络色彩使用的认识，掌握纯色调、中明调和明色调的调性，并能够运用到作品设计中。

3. 实验内容

(1) 实验准备

A. 每个学生收集纯色调、中明调和明色调的网页设计各两个。

B. 根据所学知识对这些设计进行逐一分析。

(2) 实验过程

使用 Flash 或 Dreamweaver 等软件，设计这三种色调的网页各一个。首先需要确定主题，然后通过草稿纸和彩色铅笔做出这些网页大致的色彩草图。做到心中有数以后，再使用软件进行设计，并且完成作品。

4. 实验要求

第一，能够理解与把握纯色调、中明调和明色调的调性，并合理地运用到自己的设计中。

第二，图片、文字内容和字体等不限，但需要整体协调一致。

第三，根据色调完成网页设计。

第四，制作精致、规范。

第五，页面尺寸控制在 1024×768 或 800×600 大小。

第六，网页设计美观大方，体现一定的审美品位，富有时代气息，具有一定的视觉冲击力。

5. 组织形式

第一，该实验以个人为单位，以 2~3 人为一组相互听取意见，但最终的表现效果要求每人独立完成。

第二，实验过程中教师给予每个小组意见与建议。

6. 实验课时

4 课时 + 课余时间。

7. 质量标准

第一，正确理解和运用色调，把握好各种色调的特征。

第二，页面的布局良好，视觉上整洁，富有韵律。

第三，能够根据实际情况选择适当的色彩模式。

第四，整体的页面效果富有美感。

五、实验教学案例分析

1. 纯色调

（1）背景资料

现代汽车公司希望以 3 500 美元左右（约合人民币 2.2 万元）的售价出售图 4–4 中的车型。该车型的空间比较小，是紧凑型的小型汽车。它的价格和印度的塔塔推出的 Nano 相近，同样属于非常廉价的车型。最近该车型结合节能的需要，将要推出混合动力版本。

该车型主要是针对年轻人开发的。年轻的消费者富有活力、喜欢时尚与动感。该车型的名字“Click”的中文意思为“点击”，很好地概括出了当代年轻人的生活特征：网络作为当代的一种时代元素，点击是最常见的行为。这个轻巧简便的动词很好地体现了 Click 这个车型轻巧与便捷的特点。

（2）操作方法

结合年轻人的心理特点，该车型在它的网页设计上做了相应的色彩归纳与设计。设计师选用了纯色调的组合，高纯度的颜色起到了刺激视觉的作用，鲜明的红、绿、蓝、橙和紫色构成了整个富有活力的页面。个性鲜明的颜色十分符合年轻人的心理特征。

图 4—4 上图的色块划分非常明确，栏目的造型简洁有力，具有强烈的时代构成感。这些都能够很好地反映 Click 车型年轻与时尚的特点。与此同时，带有手绘味道的插图很好地和这类年轻又时尚的色彩配合——插图选用了代表网络的图形来对该车型的内涵进行阐释，富有想象力地表现了它的主题。

图 4—4 下图除了选用高纯度的橙色与黄色作为背景色，在构图方面使用了大胆的倾斜线条与直线的对比方式，汽车的图片故意被倾斜地摆放，这样做很好地增加了画面的动感。同时，该汽车图片的拍摄也采用了

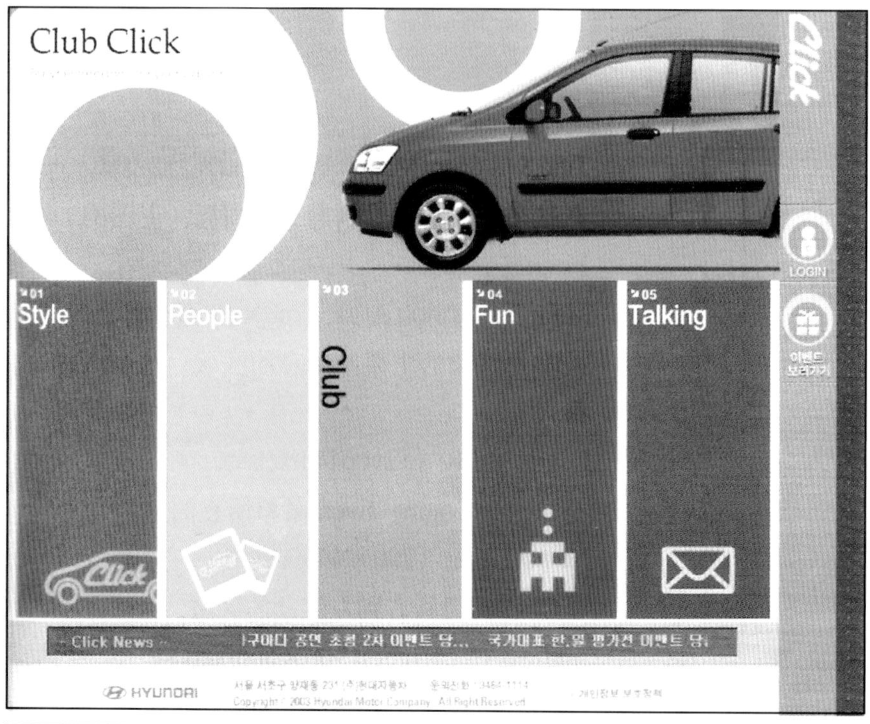

图4—4　韩国现代Click汽车推广网站主页

倾斜的取景方式，由此可见设计师在选材的时候也是经过精心挑选的。

（3）操作步骤

A. 归纳该车型目标客户心理特点。

B. 选择合理的色彩基调。

C. 根据以上两点确定页面划分和构成的方式。

D. 根据 Click 汽车的特点确定合适的插图。

（4）操作手段

使用了能迎合目标客户喜好的纯色调，能够很好地配合富有时尚感的几何形的栏目划分方式。

2. 中明调

（1）背景资料

Grayblue 是韩国某网页设计工作室的主页（见图 4—5）。该设计工作室为客户提供网页设计服务，业务主要是网页的视觉设计与它的功能性设计。Grayblue 的主页色调采用了中明调为色彩基调，从页面上那种给人亲切自然的视觉效果中，我们不难猜出它的服务理念是贴近客户的需求并拉近设计者和客户的距离。

（2）操作方法

Grayblue 的网页设计运用了清淡素雅的中明调色彩。这类色彩搭配容易产生清新自然和亲切的效果。配合画面上具有韵律感的画面分割，渲染出了富有朝气和亲和力的视觉效果。每个栏目的比例和分布都经过设计师精心的安排，它们在相互的交错和重叠中产生有机的结合，形成了富有旋律的节奏感。另外，尽管该设计是以中明调色彩为主，但是作者非常精心地加入了少量的深色块，例如各个页面右边竖向的文字栏目和导航栏目。这样的处理除了让用户能够比较有效率地使用页面和阅读以外，还能够起到调节画面的作用——大面积的中明度色彩容易让色彩整体呈现过于相近和沉闷的效果，而适量地增加了深颜色后，不但没有破坏中明调色调，而且起到了很好的调节作用，也有效地避免了中明调色调所产生的“脂粉味”。

另外，该网页使用了较多的照片作为背景。真实的照片往往能够使人产生信任感以及亲切感。同时，设计师适当地对这些照片进行了色调上的处理，让这些照片都带有中明调色彩的“色味”，从而很好地让照片融入整个页面的色彩基调。

设计师在栏目与栏目和栏目与背景之间，进行了有虚实的层次处理，这样的处理能够让色彩显得更加通透，增加了视觉上的空间感，让二维的画面显得“透气”。

（3）操作步骤

A. 明确设计的目的——营造设计的亲和力。

B. 有根据地选择色彩的基调，并合理地布局色块。

C. 统一页面的设计手法。

D. 对页面进行有韵律的分割。

（4）操作手段

运用了中明调色彩，营造出轻松的氛围以及亲切的视觉效果。利用了栏目的互相交错以及虚实的处理方法，让画面看上去更加富有韵律感与节奏感。

3. 明色调

（1）背景资料

Tiny island volunteers 网站是一个志愿者组织的网站(见图 4—6)，它的网页是

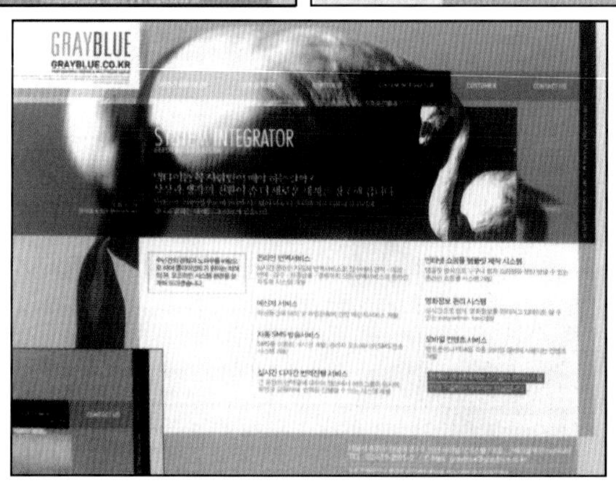

图4—5　Grayblue网站主页

图片来源：[韩]权智殷著，周钦华译：《设计师谈网页色彩设计》，北京，电子工业出版社，2005。

由英国的 Web Creation UK 设计团队完成的。Tiny island volunteers 一直都致力于组织志愿者活动和慈善捐款等活动，在它们的团队中除了一般的志愿者，还有旅游专家。这些热心的志愿者成员，除了积极地参加志愿者活动以外，还很热衷于旅游，所以这个志愿者组织最大的特点就是将国际化的志愿者活动与旅游相结合。以下是这个团体对自己的介绍："我们的核心目标是建立一个个性化的志愿者团体，我们的特殊项目将给你们提供很好的体验机会。作为志愿者加入我们的项目，你可以清晰地了解你的捐款的 60% 会用于保护岛屿，并且我们保证这笔资金在项目中运行的有效性。"[①]

（2）操作方法

Tiny island volunteers 的设计采用了明亮的明色调，该色调给人清新明亮、积极向上的感觉。从视觉上看，整个网页给人明快、清朗的感觉。这种基调十分符合"志愿者"的视觉形象。同时，该组织又是以慈善与旅游相结合的方式为特点，这个"卖点"非常符合西方人的生活喜好。所以英国的 Web Creation UK 设计团队将很多旅游方面的元素都增加到网页的设计上，让该网页的视觉效果显得十分休闲和轻松。沙滩的黄色、海水的蓝色以及大面积的白色构成了整个明亮的页面。这些色块被归纳到高明度色彩上后都显得十分协调，构成了美好的视觉风景。比较有意思的是，该网站左边的导航栏目被设计成沙滩拖鞋的形状，同时，各个栏目的边框都模仿了便签条，让网页显得非常亲切，也非常贴近自然。从这些方面，我们可以看出设计师的别出心裁和大胆设计。

（3）操作步骤

A. 明确设计的目的——展现一个阳光、充满爱心的志愿者团体。将慈善与旅游相结合是这个团体的特点。

B. 根据这种设计方向，选择明色调作为基调，渲染出阳光的感觉。

C. 对页面的各个栏目进行合理的划分，围绕"轻松"和"旅游"等关键词对栏目进行装饰设计。

D. 根据主题选择一个网页背景——富有阳光感的沙滩背景非常适合这个网页的设计风格。

（4）操作手段

运用了明色调的色调处理，能够很好地体现这个志愿者机构的形象。经过合理的分析，以阳光海滩作为整个网页的视觉形象，很好地体现了该机构的特点。各栏目的细节与装饰设计体现了设计师良好的联想能力，非常具有整体感和协调感。

① http://www.tinyislandvolunteers.com/

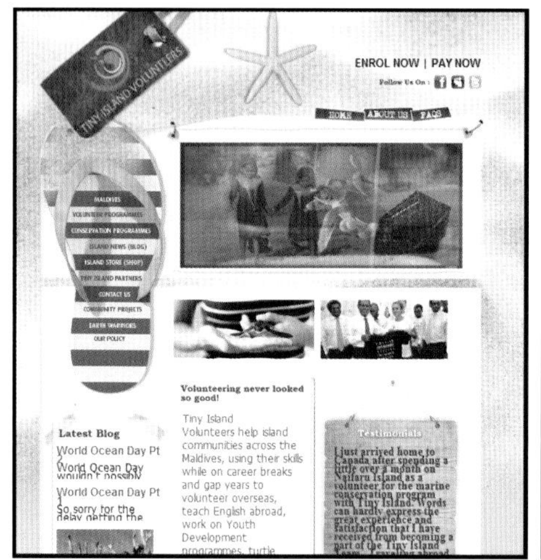

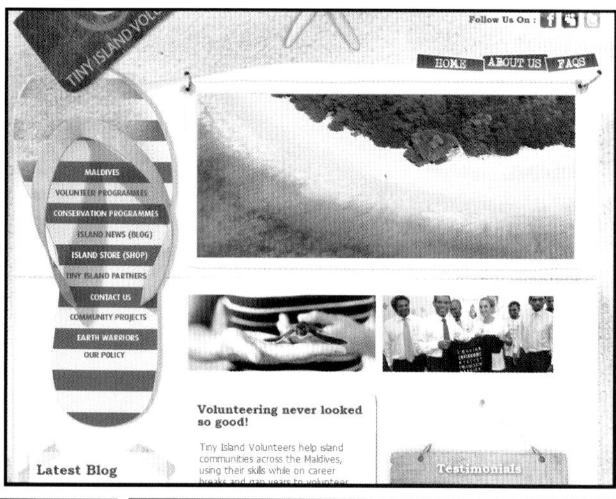

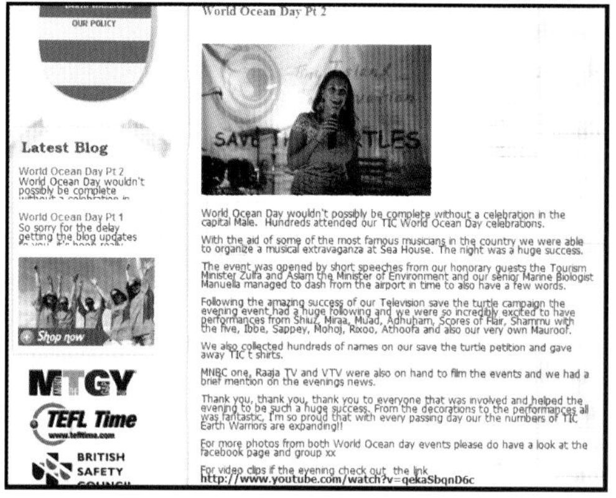

图4—6　Tiny island volunteers志愿者网站主页（作者：Web Creation UK）

六、实验教学问题解答

1. 是否网页上所有的内容都一定要采用网页安全色？

答：网页安全色主要是为了显示的时候能够保证颜色在不同的终端电脑上不会出现大的差别，一般说来，大面积的色块和重要的颜色色块需要尽量采用网页安全色。然而，设计也不能完全因为害怕色彩的偏差而不使用其他颜色，在局部可以使用网页安全色以外的颜色。

2. 网页色调的作用是什么？

答：色调是网页色彩的整体视觉效果，它是各个独立的栏目、按钮、背景色的色彩总体倾向的总和。

3. 在网页设计中对色彩的运用需要注意什么？

答：第一，要注意色彩的现实属性与网络安全色的运用；第二，要注意色彩的整体色调视觉效果；第三，要结合具体的网页内容与设计需求来确定色彩的整体基调。

4. 色调对大部分页面元素的色彩范围有具体的要求，那么个别的页面元素是否可以超出这个色彩范围？

答：可以，色调只是总体页面色彩效果和各个构成元素色彩的总和，具体的元素可以超出色调所要求的色彩范围，但是要特别注意这些超出范围的色彩所占整个页面的面积。一般说来这些例外的色彩面积不宜过大，因为大面积的色块往往对整体页面的色彩效果有决定性作用。

七、作业

1. 作业内容

在网上查找使用纯色调、中明调和明色调的优秀网页设计，数量总共6个，并根据相应的主题对它们使用的色调进行分析。与此同时，也可以谈谈自己在色调运用中的体会。并且独立完成使用这三种不同色调的网页设计。

2. 作业要求

首先能够理解色调的概念，学会对色彩进行归纳并且把握纯色调、中明调以及明色调的色彩调性与个性。掌握电脑中的色区，以便于把握色彩的选择和建立色调。

对本章节的内容进行分析，根据学习心得对收集的案例进行适当分析，借鉴它们运用色调的方法。

3. 时间要求

一周的课余时间。

4. 评价标准

该作业整体的评价标准为：对网络色彩运用的分析到位，能够结合不同的主题灵活运用色调。三种色调的个性鲜明，图片、文字等能够整洁大方，有一定的艺术感染力。

具体的评价标准：

第一，正确理解运用色调，把握好各种色彩色调的特征。

第二，页面的布局良好，在视觉上整洁、富有韵律。

第三，能够根据实际情况对图片的色彩处理选择适当的模式。

第四，整体的页面效果富有美感。

八、学生作业点评

图4—7选择了两个高档汽车品牌作为主题设计网页。设计者在选取图片的时候，注意到了图片明度与品牌格调的协调性。大面积的银灰与高明度的白色作为基调，部分背景采用了黑色突出主要前景色彩，增加了对比的效果。但是，该设计在内容的编排上缺乏认真的思考，显得没有章法；文字的可读性差，不便于阅读。

图4—8使用了纯色调的色彩处理方法，页面的内容按几何块状分割。几个主要的栏目采用横向拉伸式的展现方式，页面的色块鲜明，特点突出。然而网页设计的主题却不明显，或者说，没有更多地考虑用户的需要，文字内容方面也不够充实。

图4—7　明色调的运用（作者：李朗恒）

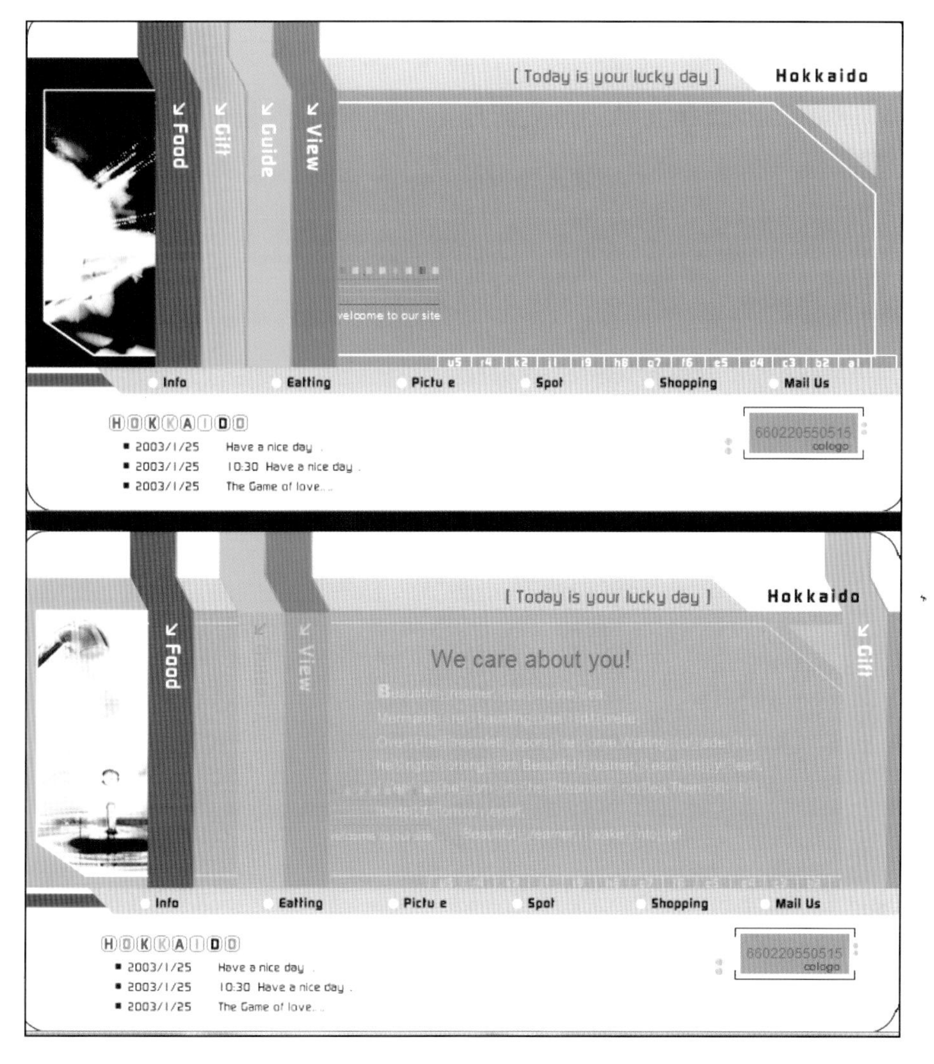

图4—8　纯色调的运用（作者：张铿贤）

九、参考资料

参考书

1．于国瑞编著．色彩构成．北京：清华大学出版社，2007．重点阅读：第一章第二节

2．王斐编著．网页配色黄金罗盘．北京：清华大学出版社，2009．重点阅读：第二章

3．[韩]金容淑著，武传海、曹婷译．设计中的色彩心理学．北京：人民邮电出版社，2011．重点阅读：第一章

4．王爽，徐仕猛，张晶编著．网站设计与网页配色．北京：科学出版社，2011．重点阅读：第一章第三节

5. [韩]权智殷著，周钦华译．设计师谈网页色彩与风格．北京：电子工业出版社，2005. 重点阅读：第三章、第四章

参考网站

http://www.grayblue.co.kr

第五课 网络视觉色彩运用（2）

核心提示

1．理解明灰调、中灰色调、暗灰色调、浊色调、中暗调和暗色调等色调的调性。

2．学会在设计中合理地运用它们。

一、实验教学内容

1. 明灰调
2. 中灰色调
3. 暗灰色调
4. 浊色调
5. 中暗调
6. 暗色调

二、实验教学的理论知识

1. 明灰调

这类色调在基础色相上提高色彩明度的同时，降低色彩的纯度。和原色对比，它的脂粉气有所下降，而色相的特征就进一步地被淡化。所以在色相对比方面属于弱对比。即使使用强烈的冷暖色彩对比，也会让它们的矛盾性减弱。在运用这类色调时，因为色相被淡化了，所以设计师要着重考虑色彩的象征和色调的韵味，发挥该色调的意义。

明灰调的特征：既清新又儒雅，给人文静、高雅、温顺的感觉，让人感到平静、安详和柔软。

2. 中灰色调

中灰色调的明度相对于明灰调来说，相对低一点。在同样的 24 色环颜色上平均地将色彩的饱和度调低，同时，将色彩明度调整到中间部分。因为色彩的纯度和明度同时处于中间区间，所以这种色调给人的感觉属于“中庸”类型的色彩搭配。同时，又因为单独色块的个性比较弱，统一感反而增强了。中灰色调在整体上呈现安定、朴实和消沉的感觉，和明灰调比起来显得更加稳重，但缺乏朝气和清新感。回顾人类的历史，设计师们在战争年代使用的色彩多以中灰色调为主，这是因为在动荡的年代，人们的心灵需要安定与平稳的色彩。

3. 暗灰色调

暗灰色调是指选择的颜色或色块都处于CMYK中偏中下部的区间。这个领域的色彩让基础的中灰色相都加入了重色，让色相原来的味道减弱，带有低沉的视觉特点，好像阴云密布的天气那样显得暗淡无光，让人容易产生压抑的感觉。但与此同时，它颜色浑厚，因而给你沉着、富有内涵和低调的感觉，这类颜色比较适合老年人，象征他们富有智慧。

暗灰色调往往产生古朴、典雅的气氛。古典油画的大多数色调都属于这一类型。另外，它的灰暗色彩效果能够渲染出特定的艺术气氛，带有一定的神秘感。

4. 浊色调

这个色调区间位于CMYK的中部，它的色彩特征呈现出个性明显的色相。同时因为它的中庸特性，色相之间比较容易调和。它和高纯度色调与明色调相比，在色彩的鲜艳程度和明亮度方面都有所不及。然而，比起暗灰色调来，它又不那么暗淡。所以它的色彩效果相对中庸，不偏不倚，有自己的色彩特点。在运用这个色调的时候，如果结合补色的运用，那它的色彩对比度也是可以灵活调整的。同时，也可以运用邻近色的那种弱的对比，达到最好的协调效果和稳定感。总的说来，它是可以灵活适用于各种网络色彩设计的色调。

5. 中暗调

中暗调的色彩区间位于CMYK明度的中下区间，它是指所有选择的色彩都保持在比较深的明度区间。在所有的原色上面罩上了比较深的颜色，从而产生稳重、沉着、孤单等色彩感觉。该色调也适合表现严肃、严谨、保守的主题。

6. 暗色调

暗色调处于CMYK最底部的区间，它是在原色相的基础上降低所有色彩的明度，达到最深的颜色效果。该色调是所有色调中明度最低、色相个性最弱的色调。它的色调特点是：庄重、深邃、威严、冷酷和深沉。与此同时，该色调也带有几分神秘、顽固和恐惧感。

三、实验教学设备条件

1. 设备条件

投影仪、电脑、实物投影仪。

2. 实验场地

实训教室。

3. 工具、材料

草稿纸、彩色铅笔、Dreamweaver、Photoshop、Flash、计算机和手写板等。

四、实验教学设计与要求

1. 实验名称

网络视觉色彩运用 2。

2. 实验目的

通过实验理解与掌握明灰调、中灰色调、暗灰色调、浊色调、中暗调和暗色调等色调的调性，并且能够根据实际的主题在网页设计中运用这些色调。

3. 实验内容

（1）实验准备

A. 每个学生根据以上几种色调收集相关的网页设计作品各两个。

B. 依据对色调的理解对这些设计进行分类与分析。

（2）实验过程

使用 Flash 或 Dreamweaver 等软件，设计这几种色调的网页各一个。首先需要确定主题，然后通过草稿纸和彩色铅笔尝试做出这些网页大致的色彩草图。当能够做到心中有数以后，再利用软件进行具体的设计，并且完成作品。

（3）实验成果要求

A. 能够根据自己选择的主题与内容运用以上的色调进行设计。

B. 网页设计美观大方，体现一定的审美品位，富有时代气息，具有一定的视觉冲击力。

C. 能够根据以上分类灵活运用和处理色彩与造型。

D. 每种色调设计一个作品。

E. 制作精致、规范。

F. 页面尺寸控制在 1024×768 或 800×600 大小。

4. 组织形式

第一，该实验以个人为单位，以 2 ~ 3 人为一组相互听取意见，但最终的表现效果要求每人独立完成。

第二，在实验过程中，教师给予每个组适当的建议与辅导。

5. 实验课时

4 课时 + 课余时间。

6. 质量标准

对网络色彩运用分析到位，能够结合不同的主题灵活运用色调。三种色调的个性鲜明，图片、文字等整洁大方，富有一定的艺术感染力。

五、实验教学案例分析

1. 明灰调

（1）背景资料

在国外，很多中小企业为了节约成本都不会购买大量豪华商务用车，但是它们会在需要的时候向租车公司租借车辆。Reflection chauffeurs 是英国的汽车出租服务公司，它面向的客户主要是高端的商务公司，其网页见图 5—1。该公司主要出租宝马和奔驰等豪华商务车。同时，除了出租车业务以外，该公司有预订酒店的业务，以求为客户提供更全面的服务。

Reflection chauffeurs 是当地的汽车服务公司。该公司保证能够为企业与个人提供绝对周到的、可靠的和专业的全球化汽车出租业务。

（2）操作方法

英国的网页设计师根据该公司的业务定位和客户定位，给 Reflection chauffeurs 的网页设定了基本的格调。它以高雅的风格为主，并辅以明灰调的色彩基调。该色调的特

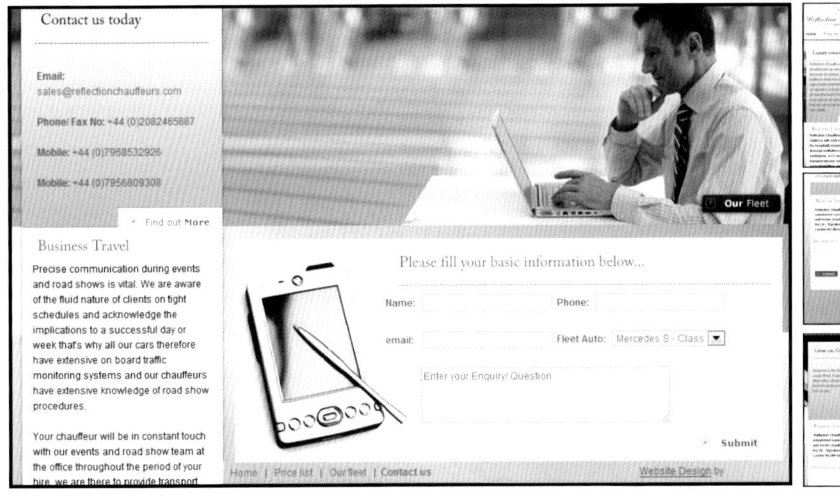

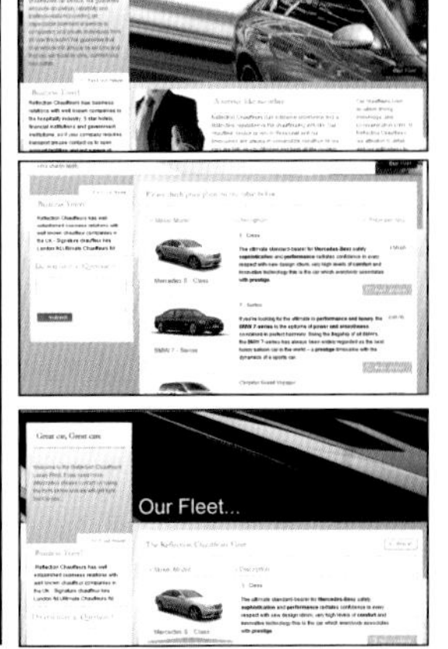

图5—1 Reflection chauffeurs网页设计

点是文静、高雅、温顺，既清新又儒雅，也能够给人平静、安详和柔软的感觉。这样的色彩非常符合高端商务人士的喜好。网页设计师力求在网页的设计方面体现出纯净、安详、高雅的视觉效果。图5—1呈现的是非常简约的分割方式：通过三大栏目比较匀称地划分页面。设计师在这方面并没有过多地追求页面分割方面的变化，这是因为更少和更匀称的划分方式更能够给人安宁与舒适的感觉。淡淡的明灰色和白色的结合显得非常素雅和高档。在图片的选用方面，除将商务人士和商务用品作为形象主体以外，设计师也注意保持图片上的色调与网页基本色调的一致性。除了一个页面选用了产生强烈对比的深色基调以外，其他页面基本以明亮的色调为主。另外，少量的深色块在明色调中很好地起到了视觉调节的作用，这是因为，过多明灰色组成的页面，容易让受众产生乏味感。

（3）操作步骤

A. 确定该网页的基本目标客户——高端商务人群。

B. 从目标客户出发，确立明灰调为网页的基本色调。

C. 对页面的划分方式参考明灰调的色彩调性，配以均衡的编排方式，让编排和色调很好地结合起来。

D. 适当地增加少量深色色块作为色彩的调节，消除大面积的明灰色调所产生的乏味感。

（4）操作手段

该网页的设计师操作手段高明，他们能够准确地定位目标客户，有效地确立网络色彩的基调，并且非常巧妙地将色彩和分割画面等结合起来，页面的整体感觉非常干净和高雅。

2. 中灰色调

（1）背景资料

urban therapy是英国的一个美容美发品牌，主要为成熟白领提供理发、美发和皮肤护理等服务，与此同时，该品牌也拥有自己的产品（见图5—2）。Aveda以英国的市场为基础，向全球化方向拓展。

以下是urban therapy的经营理念：urban therapy的任务是照顾我们所生活的世界，从产品到我们回馈社会的方式。我们的目标不仅仅是成为化妆行业的领跑者，我们希望成为在整个世界相关产业的领跑者。[①]

（2）操作方法

Aveda的目标消费者是成熟和高端的个人客户，所以网页设计师在设计用色方面选用了非常温文尔雅的中灰色调。灰色在色彩体系中属于色彩个性比较弱的颜色，看上去比较有中庸的感觉。该色调由于在视觉上并没有给人那么强烈的刺激，所以能够给人平和与低调的感觉。英国的网页设计师很好地

① 参见http://www.aveda.co.uk/。

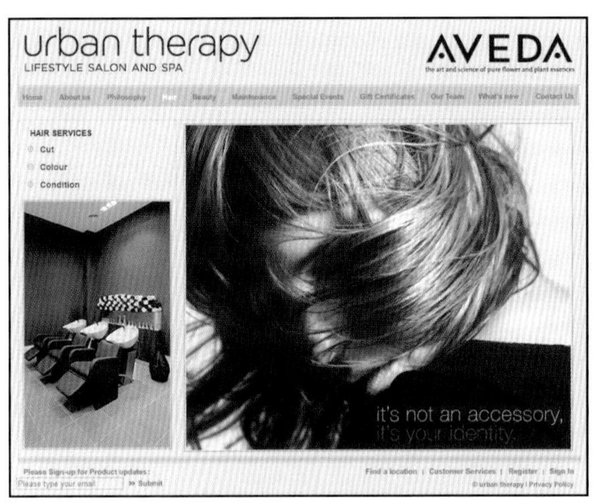

图5—2 urban therapy网页设计

把握住该品牌的调性，并且合理地将这个色调融合到设计中去。淡雅的浅褐色与图片上的少量鲜黄色和红色的对比关系，非常像古典油画的基调，也带有一定艺术感。

（3）操作步骤

A. 首先根据 urban therapy 的品牌定位，确认色彩的基调。

B. 选择合适的中灰色调作为主要的基调。

C. 合理地利用文字和图片上少量鲜艳色块，与主基调互相调节，对整个页面起到调节和点缀的作用。

D. 对页面的划分尽量保持简约与明朗的感觉。

（4）操作手段

该网页的页面设计非常有格调，很好地利用了中灰色调的个性。在确立中庸的中灰色为主要基调的同时，配合少量的纯色块来调节页面的视觉效果。这些方面无不体现了英国设计师高明的操作手段。

3. 暗灰色调

（1）背景资料

Monni 是意大利一家订制家具和家居设计公司，该公司位于意大利一个历史悠久的旅游景点，其网页设计见图 5—3。该区域有着众多的星级酒店，这里的设计也是世界有名的。该公司利用了这种特殊环境，向个人家居市场发展，通过订做的方式，将星级酒店的装修带入个人豪华装修领域。Monni 有着二十多年的经营历史，所以历史悠久与经

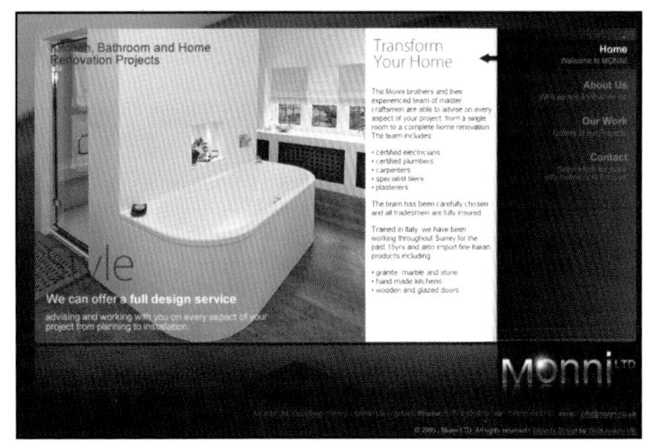

图5—3　Monni网页设计
（作者：Web Creation Uk）

验丰富等特点也是该企业主要的竞争优势。

以下是 Monni 的介绍："Monni 公司所处的地点是一个著名的度假区，它原本是欧洲皇室的度假点。正因为这种历史原因，该地区的设计师对于豪华家庭装修和五星级酒店装修都非常专业。他们既掌握设计与建筑等技能，也熟悉各种装修的材质。这里的很多项目都是按照很高的审美标准完成的。这些保证了我们未来的项目会是美丽和值得期待的。"[①]

（2）操作方法

暗灰色调充满成熟稳重的色彩韵味，它非常符合现代奢侈品"低调中的奢华"的追求。从 Monni 的网页设计汇总中，我们能看到大面积的深色块与灰色块为主要的网页构成色彩。这些基调色块很好地渲染出了一种稳定、深沉而又充满智慧和文化底蕴的感觉。在家居图片的选择上，英国的设计师特意选择和基调比较协调的灰色——这些图片基本都是以灰色色块出现的，并适量地包含了亮色块进行视觉调节。

该设计很好地把握住了 Monni 的企业形象与内涵，渲染出了它的内在"气质"，也能够很好地结合客户群的审美情趣，营造出奢侈品豪华与低调并存的感觉。

（3）操作步骤

A. 针对 Monni 的资料分析出其特点：二十多年的专业经验，专注于豪华家庭装修与家居设计，面向富人阶层等。

B. 根据分析选择合适的色调与图片。

C. 在确定基调的前提下对文字和基本页面划分进行处理，力求与基调相吻合。

（4）操作手段

设计该网页的英国设计师非常准确地定位了将要设计的目标，并选择了能够充分表现主题的色彩基调，对调性的把握非常到位，有效地传达了低调中的奢华感。

4. 浊色调

（1）背景资料

Ssrobin 原来是一艘著名的英国商船，它的历史渊源要追溯到英国海上霸权最辉煌的时代。它也是英国海上贸易最巅峰时代的象征。然而，这艘船现在已经退役很多年，并且长期停放在英国的港口。该船被改造成博物馆，向市民开放，展现英国海上贸易的历史，同时它也是现代商业交易的一个平台。[②] 它的网页主要宣传其改造项目（见图 5—4）。

（2）操作方法

从 Ssrobin 的介绍中可以知道，该改造项目的一切都建立在它过去辉煌的历史之上，所以历史感应该是该网页设计所应该重点突出的地方。Web Creation UK 公司的设计师也很明确地将这一点定为设计的首要任务，选择浊色调作为整个网页主要基调。该色调

① http://www.monni.co.uk/

② 参见http://www.ssrobin.co.uk/about.php。

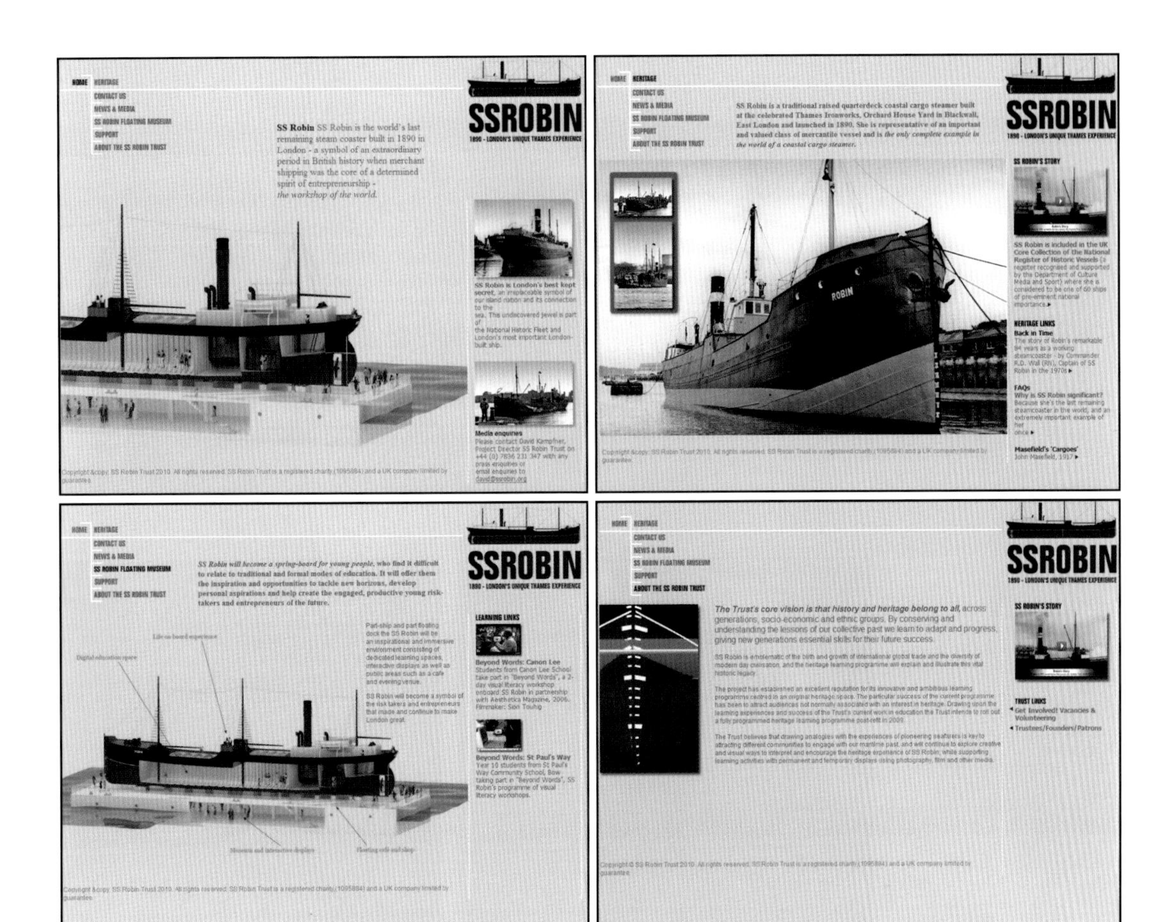

图5—4　Ssrobin网页设计（作者：Web Creation UK）

在视觉上比较中庸，具有不偏不倚的感觉，这也表达出对历史的尊重。另外，浊色调因为明度和色相都比较中性，颜色在整体上会带有几分“旧”的味道，所以从这个角度上说，它也非常适合 Ssrobin 这样历史感强的事物，能够表现出它的历史底蕴感。

（3）操作步骤

A. 理解 Ssrobin 的主要背景，分析它的内涵。

B. 确立适合表现该项目的色调——浊色调。

C. 对页面进行横竖方向的结构分布，选用能够展现它的改造项目特点的图片。

（4）操作手段

该页面的设计非常好地体现了 Ssrobin 改造项目的特点，利用最能够体现历史的浊色调色彩来处理基调，并结合最能够反映结构的图片来处理页面。

5. 中暗调

（1）背景资料

Java bar espresso 是英国的一个咖啡厅品牌，它位于伦敦的主要地铁站内，包括繁华的维多利亚站和牛津路，其网页见

图 5—5。它主要提供“fast coffee”（速溶咖啡）和一般的蛋糕食品。

（2）操作方法

咖啡豆和咖啡都带有天然的深褐色，而这种颜色正好又属于中暗色调色彩类型。中暗调色彩富有内涵，咖啡的味道也是十分丰富和耐人寻味的，所以大部分咖啡厅的色调都会以深褐色为主要的基调，这样做除了能够直观地反映产品本身的特点，还能够体现产品本身的内涵与韵味。

网页设计师也很好地利用了这一点，以深褐色作为主要的基调，配合同样带有褐色味道的图片构成整个页面。然而，深褐色的基调容易产生不透气和沉闷的感觉，为了打破这种格局，设计师大胆地使用了鲜艳的橙色的条形菜单。该条形菜单在页面上占据的面积相当小，但正好能够在保证基调不变味的情况下破除色彩沉闷的一面，就像优秀的厨师利用少量的姜与葱来去除鲜鱼的腥味，但又保留住它的鲜味。

（3）操作步骤

A．确定咖啡厅的主要色调。

B．选择合适的图片。

C．利用少量鲜色块来调节深沉的褐色基调。

（4）操作手段

该网页的页面设计非常能体现该产品的

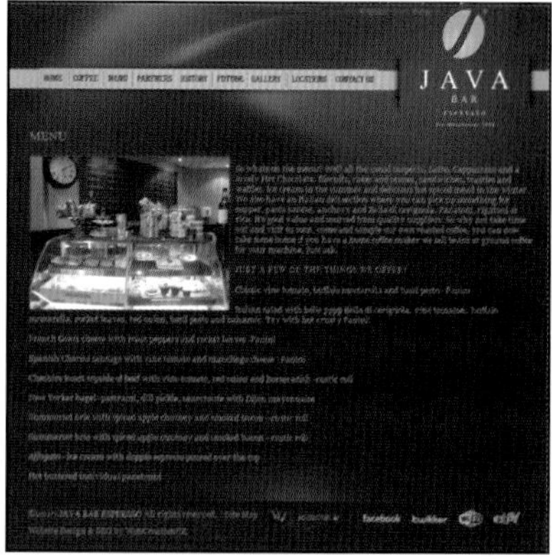

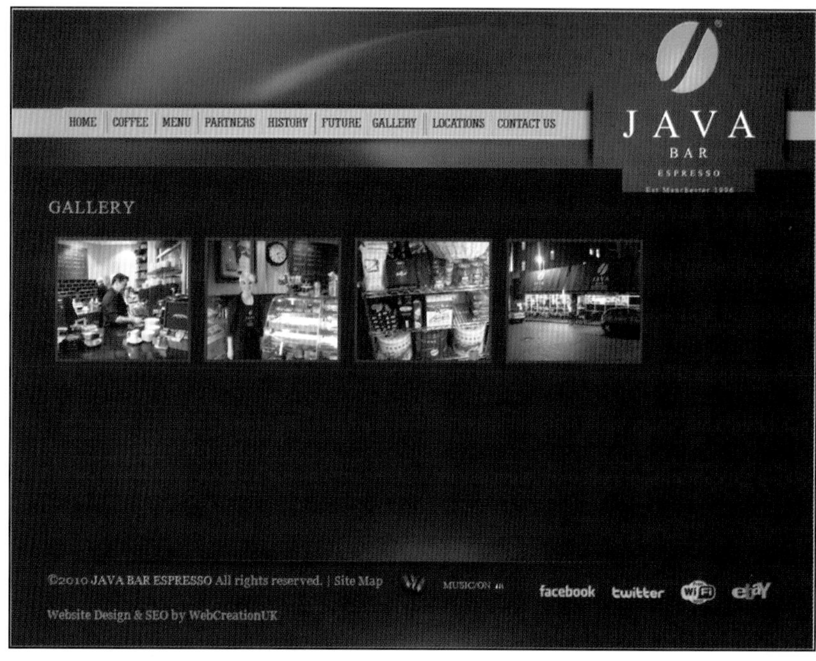

图5—5　Java bares presso网页设计

特点，并把握住了产品内涵，特征非常鲜明。在基调的分布与色彩的调节上，设计师对度的把握十分到位。

6. 暗色调

（1）背景资料

Ivy Paige是英国自由艺术家，她主要从事歌唱和舞蹈演出。英国音乐在相当长的一段时间里受反主流的摇滚风格影响，带有一定的自我放纵和向往神秘的感觉。Ivy Paige的演出风格尽管有多种，但她最成功和最喜欢的还是这类反主流风格。这种风格有它独特的造型和化妆，带有几分神秘的色彩。该网页也是她宣传自己以及出售CD产品的地方（见图5—6）。

（2）操作方法

Ivy Paige的网页运用了暗色调的颜色作为整个页面的颜色。暗色调除了有几分沉稳以外，还带有比较强的神秘感。这种风格非常适合Ivy Paige的演唱风格，和她主要的格调相匹配。设计师在整个页面的布局上采用了少量的鲜亮颜色，有助于丰富页面的颜色，让整体色调更加丰富。在选择图片的时候，大量选用Ivy Paige主要的风格造型，让观众对她的特长一目了然。在页面的划分方面，设计师采用了比较简约的方式。

（3）操作步骤

A. 确定对象的特长或者主要风格。

B. 根据对象主要的信息，确立暗色调

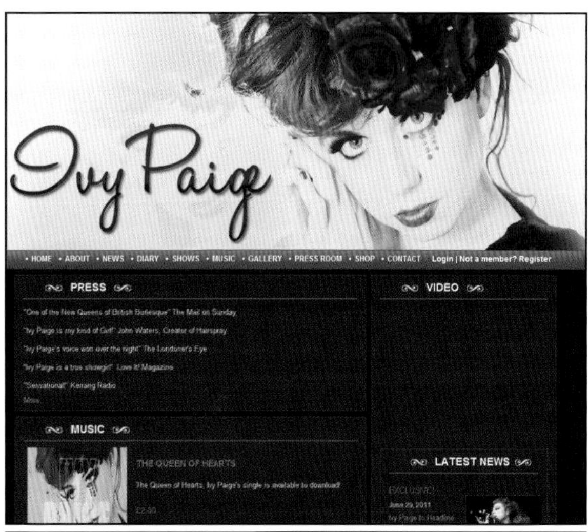

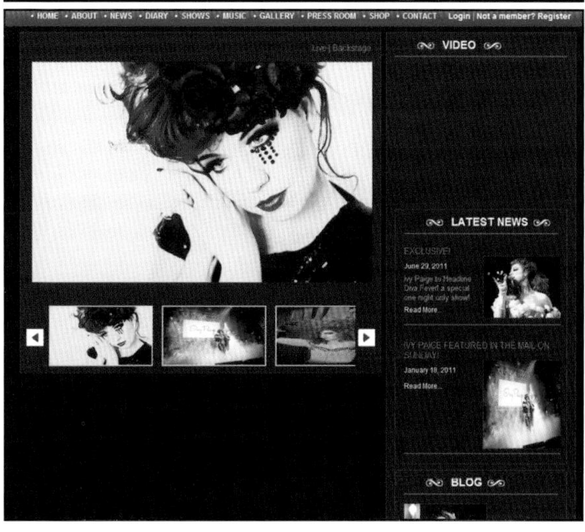

图5—6　Ivy Paige个人艺术家网页

作为主要的基调。

C. 选择最能够反映 Ivy Paige 的图片，并对页面的划分进行处理。

（4）操作手段

英国的网页设计师很好地把握了 Ivy Paige 的主要风格，并通过合适的色彩基调来渲染这种风格，通过最有代表性的图片来体现她的个人特色。

六、实验教学问题解答

色彩的色调含义是否是绝对的？在特定情况下，这些色调的适用对象会不会改变或者不适用？

答：色彩的色调含义与隐喻都是相对的，它们适用于大部分情况，但是在实际情况中有很多特例，有的时候在理论上合适的色调用在具体案例上会不合适，在这些情况下，可以考虑调整造型或使用相近的色调作替代，使理论与实际相结合。

七、作业

1. 作业内容

通过网络查找使用明灰调、中灰色调、暗灰色调、浊色调、中暗调、暗色调的网页设计作品，并且认真分析使用这些色调的优点。结合网站的题目或内容思考这些色调是否匹配。同时，观察这些色调与造型和页面分割的关系。

完成明灰调、中灰色调、暗灰色调、浊色调和中暗调、暗色调的网页设计作业，每种色调做一个页面设计。

2. 作业要求

能够理解色调的概念，并且学会对色彩进行归纳并且把握上文的几种色调调性与个性。掌握与理解电脑中的色区，以便于把握色彩的选择和建立色调。

理解并且掌握明灰调、中灰色调、暗灰色调、浊色调、中暗调、暗色调的调性，以及适用的主题与对象。

3. 时间要求

两周的课余时间。

4. 评价标准

该作业的整体评价标准为：对网络色彩运用的分析到位，能够结合不同的主题灵活运用色调。三种色调的个性鲜明，图片、文字等整洁大方，有一定的艺术感染力。

具体的评价标准：

第一，正确理解、运用色调，把握好各种色彩色调的特征。

第二，页面的布局良好，视觉上整洁，富有韵律。

第三，能够根据实际情况选择适当的模式处理图片的色彩。

第四，整体的页面效果富有美感。

八、学生作业点评

图 5—7 的作者选用了明亮的明色调作为珠宝品牌 Tiffany&Co 的基调。珠宝系列产品给人高雅的感觉，所以该色调的选择合理，视觉效果良好，基本布局简洁大方。

图 5—8 是以星座与占卜为主题的网页设计，作者选择了暗色调作为主基调，占卜类内容的神秘色彩在这里体现得比较明显。作者还配合透明图像与高光点营造出绚丽而神秘的感觉。然而，个别页面在编排上显得过于对称，有种呆板的感觉。

图 5—9 的作者以中暗调的色彩基调渲染出秋天的回忆。该网页的主题内容是不同地区秋天的美景，具有一些回忆的格调感。但是作者在处理和编排重要的文字内容的时候，没有注意到文字的可读性，很多关键的文字因为与背景色彩太接近而难以阅读。

图 5—10 是作者个人的资料集，包括了个人兴趣、有趣的照片、爱好等方面的内容。作者使用了比较鲜艳的色彩作为主体的栏目框架的基调，同时在背景中配上纯度比较低的粉红色，形成了色彩上的“鲜”与“灰”的对比，使色彩个性强烈。此外，按钮与框架的造型比较特别。

图 5—11 是一个以动漫故事为主题的网页设计，该故事带有一定的悲剧色彩，作者在基调的选择方面以中暗调为主。中暗调色彩效果比较灰，比较符合主题的选择。但作者在编排方面的处理显得简单，韵律感不强。

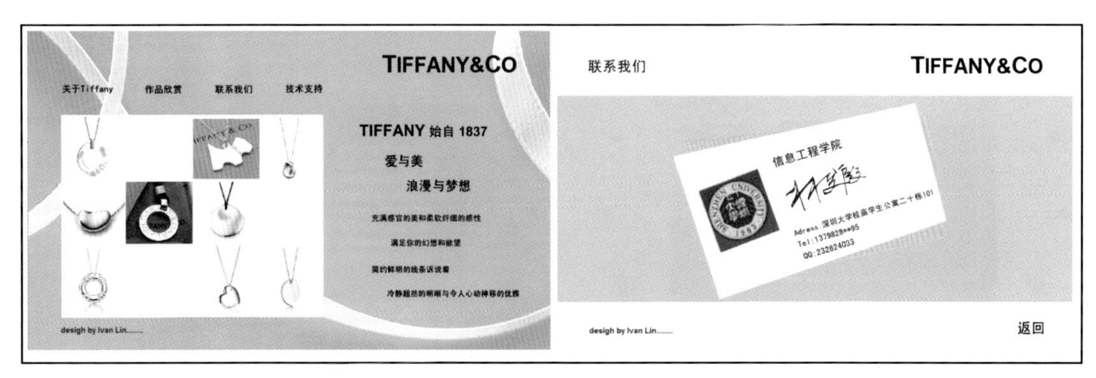

图5—7　明色调的运用（作者：林俊殷）

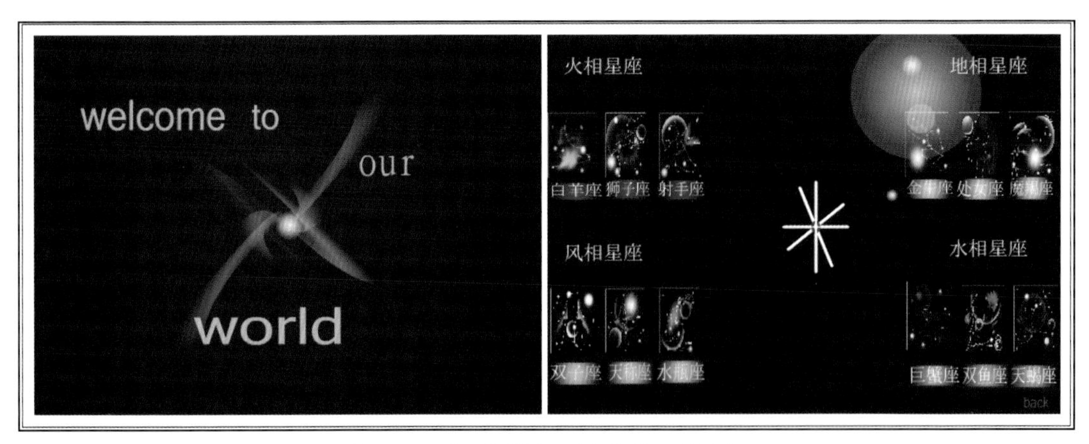

图5—8 暗色调的运用（作者：刘奕）

图5—9 中暗调的运用（作者：隋玉周）

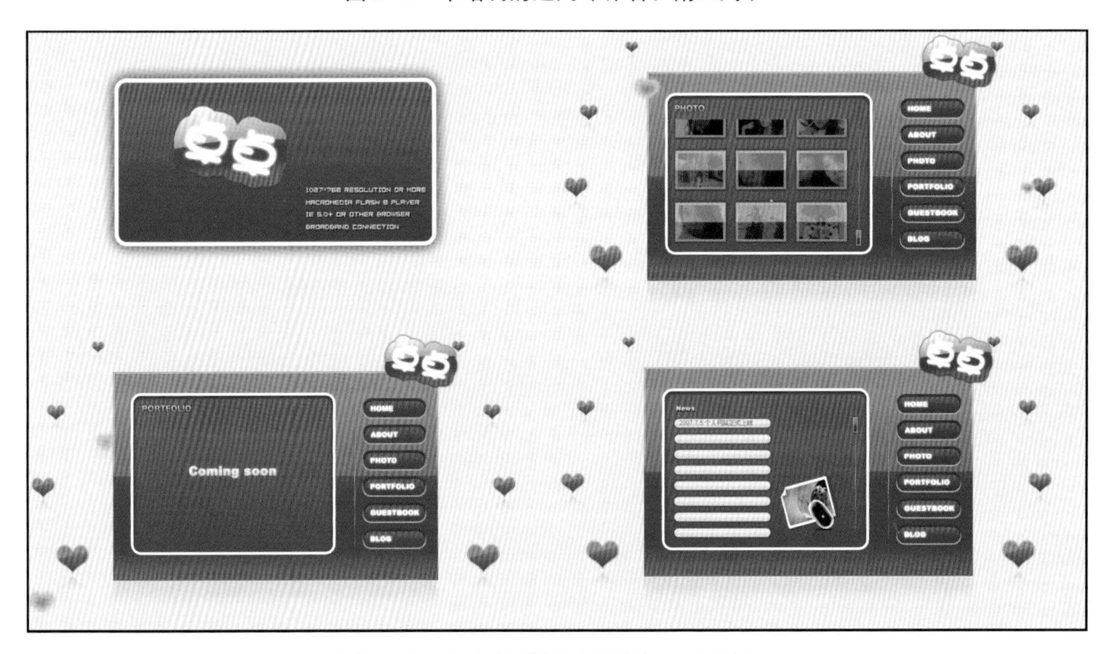

图5—10 浊色调的运用（作者：王亚卓）

图5—11　中暗调的运用（作者：郑晓鹏）

九、参考资料

参考书

1. 于国瑞编著．色彩构成．北京：清华大学出版社，2007. 重点阅读：第一章第二节

2. 王斐编著．网页配色黄金罗盘．北京：清华大学出版社，2009. 重点阅读：第二章

3.［韩］金容淑著，武传海、曹婷译．设计中的色彩心理学．北京：人民邮电出版社，2011. 重点阅读：第一章

4. 王爽，徐仕猛，张晶编著．网站设计与网页配色．北京：科学出版社，2011. 重点阅读：第一章第三节

5.［韩］权智殷著，周钦华译．设计师谈网页色彩与风格．北京：电子工业出版社，2005. 重点阅读：第三章、第四章

参考网站

http://www.reflectionchauffeurs.com/

http://www.ssrobin.co.uk/about.php

http://ivypaige.co.uk/

http://javabarespresso.com/index.php

http://www.aveda.co.uk/

http://www.monni.co.uk/

第四实验阶段

风格化网页设计

第六课 风格化网页设计（1）

核心提示

认识与掌握本课的 5 种网页设计风格。通过对具体案例的分析，掌握它们各自的视觉特点，学会灵活与合理地应用它们。

一、实验教学内容

1. 简约的几何型风格
2. 流线型风格
3. 怀旧风格
4. 西方古典装饰风格
5. 中式传统风格

二、实验教学的理论知识

艺术和设计的风格与时代环境有关联，其中又关系到不同的时代特有的工具、工艺水平和时代主题。例如，当世界进入大工业批量化生产的时代时，包豪斯式的简约风格诞生了，它的规则化和标准化的设计特点不但体现了现代工业设计批量化生产的特点，而且带来了新的审美趣味。艺术与设计风格能够让设计的对象更有艺术感染力，形成统一又协调的视觉形式。每种不同的艺术风格有着它自身的特殊气质与艺术审美情趣，所以风格能够给予设计的产品和网页特殊的艺术形式美。根据不同的主题与内容来选择艺术形式和风格能体现网页设计师的能力。

1. 简约的几何型风格

几何型构成方式源自于数学中的几何形。几何形是经过数学推理与运算所得出的，所以它们天生就有数学的理性与严谨性。由此可见，几何型构成风格在视觉方面具有很好的数理特性，它能够很有条理地展现信息，比较容易地将杂乱的内容和信息进行有系统和有层次的分类。这就好比我们平常使用的书架一样，上面的书本不管大小不一还是颜色多样化，都能够很好地被统一放置在各个大小相似的格子中，形成视觉上的良好次序，也便于查找。 正因为如此，高效而清晰的传播内容是这种风格的一个优点。

现代工业生产要求的是标准化，所以从包豪斯理念的诞生到现在，几何风格都是最适合表现现代工业生产的。“由简入繁易，由繁入简难”，当今科技与工业设计追求的正是这种高度的概括能力。从当代设计风潮上看，简约的几何型是当代主流的设计形式。我们可以从耐克、苹果和兰博基尼跑车的产品中感受到这种以简为美的审美潮流，从这些产品中也不难发现几何构成的身影。因为几何形能够传达一种时代感和科技感。

几何型构成方式在网页设计中多数表现为以矩形作为主单位型，也有个别的网页会采用椭圆形和三角形。当以矩形作为基础的构成单位的时候，它们往往以一定的次序和韵律来组织。设计师们首先考虑的是它们之间的比例关系，有的采用相同的矩形重复排列，这样能够形成非常均衡和工整的视觉效果。有的采用按一定规律变化的比例关系结合色彩的变化排列，这样能够形成良好的整体韵律，打破结构的单一化和视觉乏味感。在使用圆形和椭圆形作为基础形态进行页面构成的时候，往往具有永恒、循环和圆满等视觉含义，它们的单独形要比矩形显得更有变化，这是由于圆形的局部是由均衡的曲线构成的，当它们按一定排列形式出现后，其整体效果就由排列的形式所决定。

2. 流线型风格

“流线型”这个提法最早来源于20世纪中期，它的产生和科学技术以及生物技术的发展有很大的关系。当时，科学家通过对很多生物的造型研究得出结论：外形平滑以及以一定规律构成的曲线能够更好地减少运动中的阻力。例如海豚的造型就是一种典型的能够减少阻力的外形线条。在这个研究的基础上，标榜工业和科技先锋的美国在产品设计方面大量采用了流线型外形，例如，美军的隐形轰炸机、耐克的“刺客”专业足球鞋以及世界上最快的跑车布加迪等。

“流线型在实质上是一种外在的‘样式设计’，它反映了两次世界大战之间美国人对设计的态度，即把产品的外观造型作为促进销售的重要手段。为了达到这个目标，就必须寻找一种迎合大众趣味的风格，流线型由此应运而生。而大萧条期间产生的激烈的商业竞争，又把流线型风格推向高潮，它的魅力首先在于它是一种走向未来的标志，这给20世纪30年代大萧条中的人民带来了一种希望和解脱。”[①]

从视觉上讲，流线型的形态给人一种十分具有科技含量的感觉，它反映的内涵是未来科技的特征以及超前的设计。另外，空气动力学证明了这种视觉形态十分具有动感与

① 《论设计作品层次及相关关系》，http://www.newmaker.com/art_32708.html。

速度感。最后，流畅的线条能够给人一种赏心悦目的视觉感受。

这种风格在网页设计的应用方面，适合表现具有科技感和动感的主题。尽管当今的主流界面设计大多数还是运用直线型（这可能是因为当前的网页设计软件能更好地支持矩形结构的网页设计），但有部分勇于挑战的设计师正尝试采用这种未来感强的设计方式。流线型风格在网页的构造上多数采用向各个方向延展的简洁的曲线形体，字体和栏目的内容适当地配合这些造型，能够让整个视觉形体协调一致。

流线型风格也有它的不足之处：在强调页面的动感与先进的科技感的同时，如果在页面上的流线造型过多，很容易影响信息呈现的有效性，因为曲线的过度装饰性会造成视觉上的混乱，减弱文字等内容的直接传达作用。

3. 怀旧风格

怀旧风格能唤起读者对过去美好的或影响深远的事物的回忆，具有很强的历史感，是对文化的沉淀与缅怀。当人们有了一定的经历以后，总会回忆过去的事情，这是对流逝而且不可倒流的时光的追忆，它的艺术魅力正在于这种不可复制性。

从另外一个角度来说，它也是特殊时代审美情趣的代表。然而，相对于西方古典装饰风格和中式传统风格来说，它所关联的历史时期就没有那么遥远，相关文化意义代表性没有那么高，主要是对近几十年的回忆，而且更多地关注于个人的回忆。该风格的特点是使用旧照片、旧事物的图片等，它们往往以略带残缺、有使用痕迹、褪色或色彩偏黄等视觉形象出现。

从总体上说，该风格适合于中年受众，因为它的艺术感染力的基础是建立在“经历”之上的。

4. 西方古典装饰风格

西方古典装饰风格兴起于古罗马时期。现代的家居装修经常会用到罗马柱和罗马式吊顶。除了罗马式装饰以外，西方还有很多其他古典时代风格装饰。西方古典装饰风格有着很浓的西方文化韵味，也可以说它是西方哲学思想和文明的一种象征。这类风格随着西方文化的强盛而在世界范围内受到欢迎。在现代设计的应用中，很多与西方题材相关的产品都倾向于这类风格。总体而言，西方古典装饰风格主要有以下特征：其一，以花和人物为主题。这是因为花天然就是人类所喜爱的事物，而以名人作为装饰非常能够体现思想内涵，有助于提升环境的精神内涵。其二，多采用白色与褐色，在西方白色代表的是纯洁、正直和高尚。而褐色则是西方古典艺术常用的颜色，它的色彩效果显得十分沉稳，也是西方文化的一种代表色。

5. 中式传统风格

中式传统风格是中国古代文化视觉化的沉淀与经典的表现，它涵盖了历代中国艺术的内涵。同时它还具有鲜明的中华民族的视觉特征。20世纪，在国内设计与艺术行业不断学习西方的时候，西方人对中国的文化也产生了巨大的兴趣，他们喜欢收集新中国成立前的海报，中国古代的艺术与雕刻也深深地吸引着他们。随着现代中国经济的崛起，近一两年世界上更是兴起了中国文化热潮，中国的电影和设计都受到广泛关注。因此，也可以说，具有中国特征的传统风格也是中国设计走向国际化的工具与标志。与此同时，多样化与多元化的传统视觉符号给予了现代设计非常大的发展空间。

中式传统风格的特征：第一，使用中国的装饰图案。中国古代的装饰图案可以说种类繁多，风格多样化，不同朝代都有着鲜明的艺术特点。第二，使用的颜色主要包括红色、黑色、白色和黄色等。红色是中国传统节庆的颜色，多数以大红和朱红颜色为主，象征着中国式的喜庆与欢腾。黑色和白色是属于比较严肃的色彩类型，多应用于比较正式的场景与环境。黄色在中国古代是皇权和皇族的代表颜色，它在明清时期的使用尤其明显。同时，它类似于黄金的颜色，也象征着辉煌灿烂、永恒不变等。第三，使用具有中国文化象征的人物形象。从古至今，中国有很多不同的名人，他们代表着不同时代的文化、科技与艺术成就，也是特定的中国文化的代表。第四，使用著名的中国建筑形象。如故宫、颐和园、苏州园林等，都具有非常鲜明的传统建筑设计特色，它们的整体规划与局部细节都能够体现中国不同时代的艺术特点。第五，运用中国古代神话与名著中的形象，如大家所熟知的《西游记》中的孙悟空，他现在已经是西方人熟知的名著角色，西方人称他为“Monkey King”。这些独特的形象是东方文化的典型标志。第六，运用书法。书法是中国发明的文字书写形式，它变化无穷的艺术魅力将文字和艺术紧紧地结合在一起，是中国的一种主要的艺术形式。第七，剪纸风格的运用。剪纸是中国早期的一种民间艺术风格，马蒂斯和毕加索等艺术大师在一战到二战期间创作了很多的剪纸风格作品，震撼了整个艺术界。然而，中国的民间剪纸艺术起源比他们更早，这些艺术大师都受到过中国和日本的剪纸艺术的启发。中国民间的剪纸艺术以单纯的鲜红颜色的纸张和简单的剪刀作为工具，这种纯朴的艺术形式非常能够体现东方民间艺术的特点。

三、实验教学设备条件

1. 设备条件

投影仪、电脑、实物投影仪。

2. 实验场地

实训教室。

3. 工具、材料

Dreamweaver、Photoshop、计算机和手写板等。

四、实验教学设计与要求

1. 实验名称

风格化网页设计 1。

2. 实验目的

当网页只有良好的内容而没有优秀的表现风格的时候，网页的视觉效果和传播效果会大大削弱。对网页设计来说，确立一个合适的风格来表现主题就像我们讲究穿衣戴帽那样重要。风格化可以培养学生根据自己选择的主题运用合适的表现风格，提升作品的感染力。

3. 实验内容

（1）实验准备

A. 每个学生收集 15 个左右的多媒体网页设计，需要符合以上几种网页设计风格的分类。

B. 根据所学知识对这些设计进行分析。

（2）实验过程

按照五种风格各设计一款网页：根据自己的理解并参考收集来的网页设计作品设计网页，使用 Photoshop 或 Flash 等软件设计不同风格的网页。

4. 实验要求

第一，网页设计美观大方，体现一定的审美品位，富有时代气息，具有一定的视觉冲击力。

第二，色彩和造型能够根据以上分类灵活运用与处理。

第三，每种风格完成一个网页设计作业。

第四，制作精致、规范。

第五，页面尺寸控制在 1024×768 或 800×600 大小。

第六，需要把握这 5 种风格的特点。

5. 组织形式

第一，该实验以个人为单位，以 4 ～ 5 人为一组相互听取意见，但最终的作业要求每人独立完成。

第二，最后一节上课时要求每组评出最佳作品，由一位同学上台讲解。

第三，单独完成 5 种不同的风格化网页设计作业。

6. 实验课时

9 课时 + 课余时间。

7. 质量标准

第一，简约的几何型风格：把握好现代感强烈的几何型风格，首先要对现代设计有所了解，通过关注现代的工业产品造型和服装设计以及包装设计获得灵感。

第二，流线型风格：使用流线型造型风格的时候，要注意把握曲线形态的动感与柔美。

第三，怀旧风格：表现怀旧风格的时候，需要注意图像在视觉质感上偏旧，在色彩上偏黄偏黑的特征。尽管不需要使整个页面的视觉元素都含有以上色彩特征，但在大面积的视觉元素上需要考虑把这些方面作为主要的基调。

第四，西方古典装饰风格：运用该风格的时候，需要尽量多地参考古典装饰品的造型和风格，力求将这些元素合理地运用到自己的设计中。

第五，中式传统风格：通过对中国古代有代表性的装饰与文化象征的总结，找到并归纳出这些中式传统风格的特点，结合自己的选题合理地使用它们。

五、实验教学案例分析

1. 简约的几何型风格——Zaum & Brown 网页设计

（1）背景资料

Zaum & Brown 网站是英国的一个设计师资料平台，该平台的作用是为世界上优秀的设计师提供展现自己的地方，与此同时，它也是提供给设计需求方寻找设计师的资料库，其网页见图 6—1。这个设计平台上的专业领域包括平面设计、插图设计、网页设计、新媒体设计等。该平台的所有设计师都是经过精心筛选的，每个设计师都有着自己独特的才能，所以展现设计师的优秀作品和个人资料是这个网站的主要任务。同时，作为一个专业设计者平台，它也需要体现现代设计的视觉特征。

（2）操作方法

考虑该设计平台立足于设计的特征，它的网页设计师尽可能地在整体效果上把握住“现代设计”的特色。

首先，该网页的布局采用典型的几何型风格，每个栏目都由一个矩形建构，同时在细分的内容方面也十分注意矩形的构图，包括个人头像以及封面作品等在矩形范围的取景与位置感。另外，段落文字的处理也体现出几何形的结构特征：每段文字都倾向于左侧对齐，与上方的图片形成垂直线关系，并构成了整体上一个大的几何形。

其次，几何型构成风格在兼顾整体感的同时，很好地展现了个体，我们可以从条理清晰的栏目中很轻松地查阅具体设计师的资料以及作品，在整个页面的浏览方面非常高效，这无不体现出现代设计中的主要理念——功能优先。

再次，在这些密集的形态附近，设计师注意了保留一定的空白空间，让整个页面看上去非常具有透气感。从色彩上看，将黑白的颜色作为它的主要基调，这是因为设计行业除了要有创造力以外，还非常需要冷静和沉着的思考。黑白基调的颜色正好能够非常好地体现设计师们“思考”的这一个特征。另外，近五年设计行业也流行黑白基调颜色，例如耐克的网页和宣传册设计等。

页面基本保持了明确的几何型构成风格，但设计师在处理具体的内容和页面元素方面，也考虑到形体之间的韵律，这些都非常好地展现了网页设计师处理“统一与变化”的能力。

最后，从页面的内容上看，该网页并没有像其他一般的网页设计那样添加广告，该网页的所有内容都非常单纯地与该平台的服务内容一致，这也体现了该设计平台专业化的特点。

（3）操作步骤

A. 首先明确 Zaum & Brown 的网站任务与目的，找出它的内涵与特征。

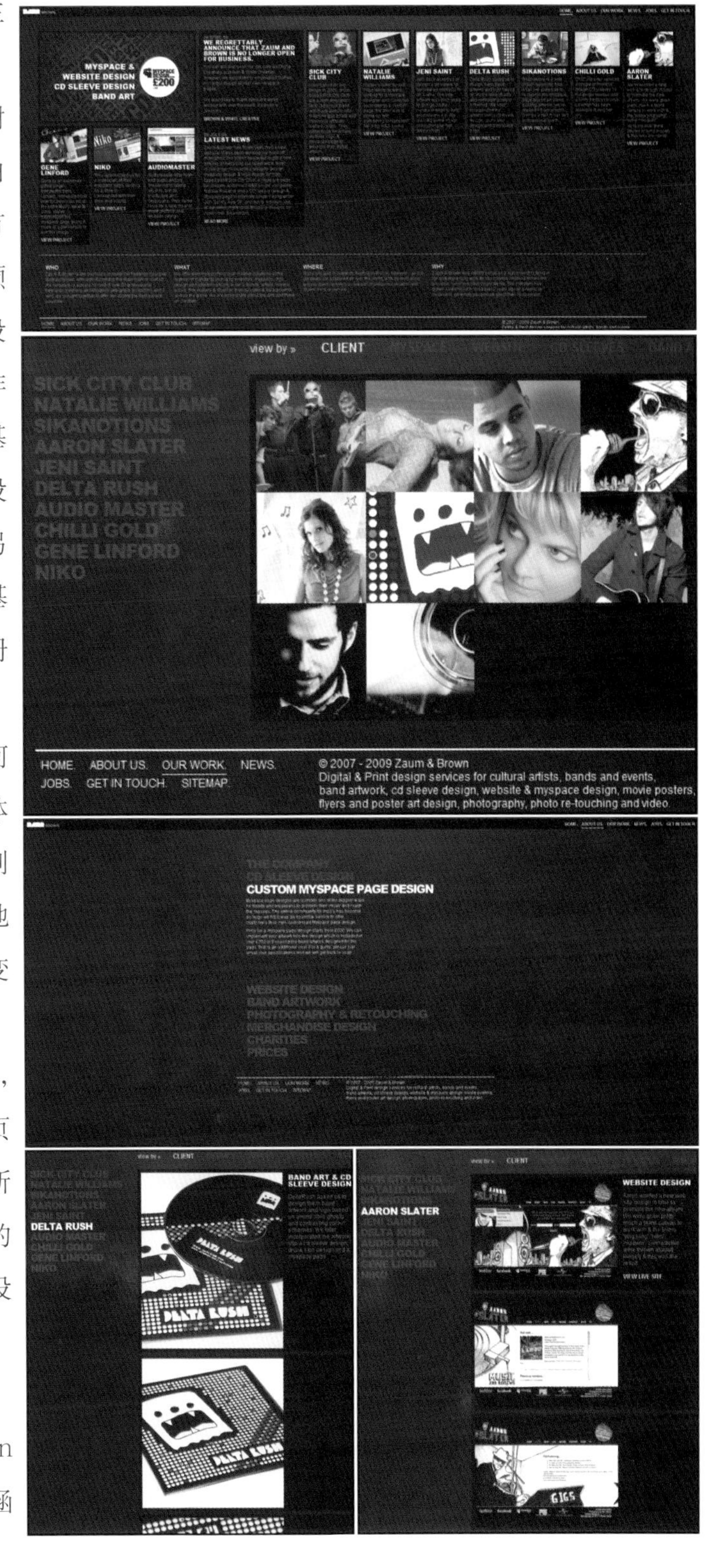

图6—1　Zaum & Brown网页设计

B. 根据它特有的目的选择简约的几何型构成方式作为主要网页风格。

C. 利用矩形作为基础的页面造型元素来设计栏目，并注意栏目之间的大小比例，以求在排列方面体现一定的韵律感。利用该行业当前比较流行的色彩对页面的基调进行处理。

（4）操作手段

该网页的设计非常适当地运用了几何型构成风格，让网页的整体效果十分具有现代设计的感觉，能够体现出现代设计的时代特征，同时兼顾了独立内容的呈现，使整体性和个性融为一体。

2. 简约的几何型风格——curious generation 网页设计

（1）背景资料

curious generation 是英国伦敦的一家音乐艺术家推广公司，主要以组织演唱活动和帮助观众预订门票等方式赢利，同时对音乐家的推广也是该公司的一大业务。curious generation 立足于“草根”音乐家群体，不断地发掘有才能但却没有名气的音乐家，并向市场推广与宣传他们。该公司与很多英国著名的娱乐场所有定期表演合约，例如举世闻名的英国娱乐街 Soho。总体来说，该公司的主打产品是有才能的年轻音乐家，受众人群以能够接受新鲜事物的青年人群为主，我们从该公司的名字 curious generation——“好奇的一代”中，已经可以非常明确地了解到它的个性特征。

（2）操作方法

针对年轻一代的音乐家那种具有青春活力，富有想象力和对未来充满希望的特征，curious generation 的网页设计采用了类似于“泡泡”形式出现的圆形基础型（组成几何型风格的单元型），组成了一个富有现代青春气息和充满希望的网页效果（见图 6—2）。页面上的大小圆形经过设计师精心安排，少量的大圆构成页面的整体结构，小的圆形在跟随与协调大圆形态的基础上，很好地起到了增强整个页面韵律变化的作用，而这些运用方法也完美地结合该网页的文字内容信息，让具体的内容与图片融入大小不一的“泡泡”中，营造出充满朝气的视觉效果。另外，该设计在色彩的使用方面也具有一定的特点，它大胆地使用了几个不同的色彩基调页面，这些基调其实就是上面提到的大圆色彩所决定的。多彩的页面也很好地印证了 curious generation 的青年艺术家那种个性多样化，艺术风格多元化的特点。最后，在整个主页界面的浏览方式设计方面，它显得非常地简练而到位：整个网站的内容都被安排为以由上而下的滑动方式进行浏览，而没有采用过多的页面切换形式。这种浏览方式非常好地与“泡泡”式结构网页相配合，观众在不断地往下浏览的过程中，会发现这些大小不一的圆形在不断地变化，就好像这些象征着希望的泡泡会不断升起一样。与此同时，构图也在不断地变化，与一般的平面设计只追求单张的构图不

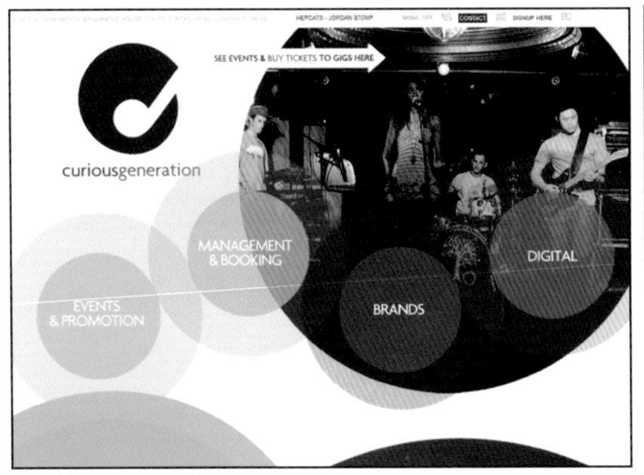

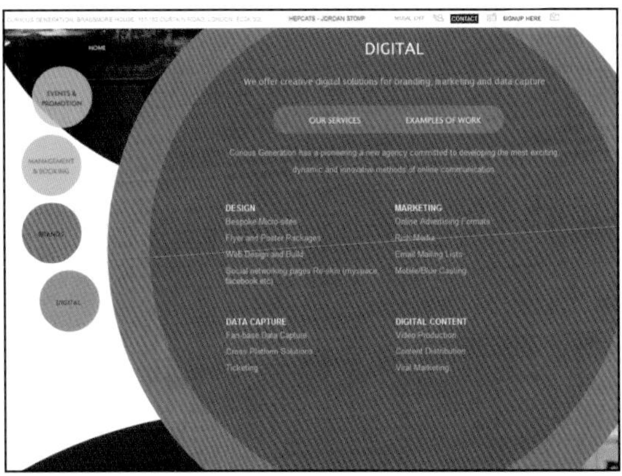

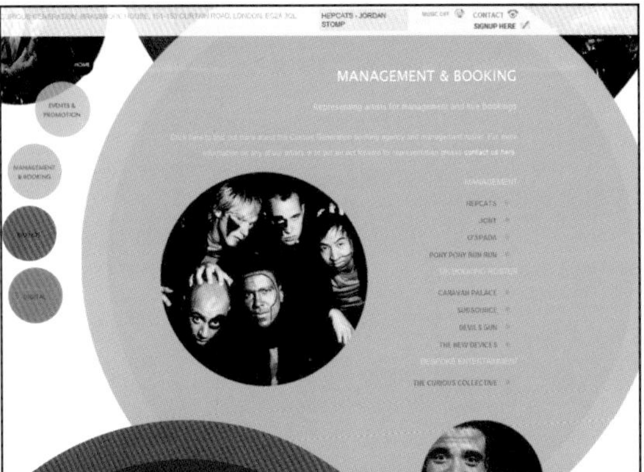

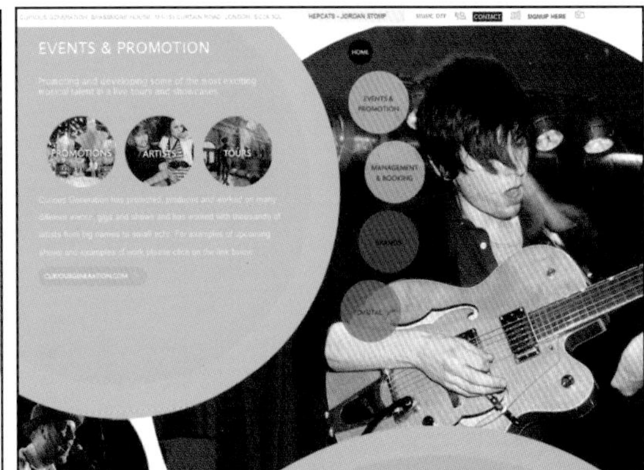

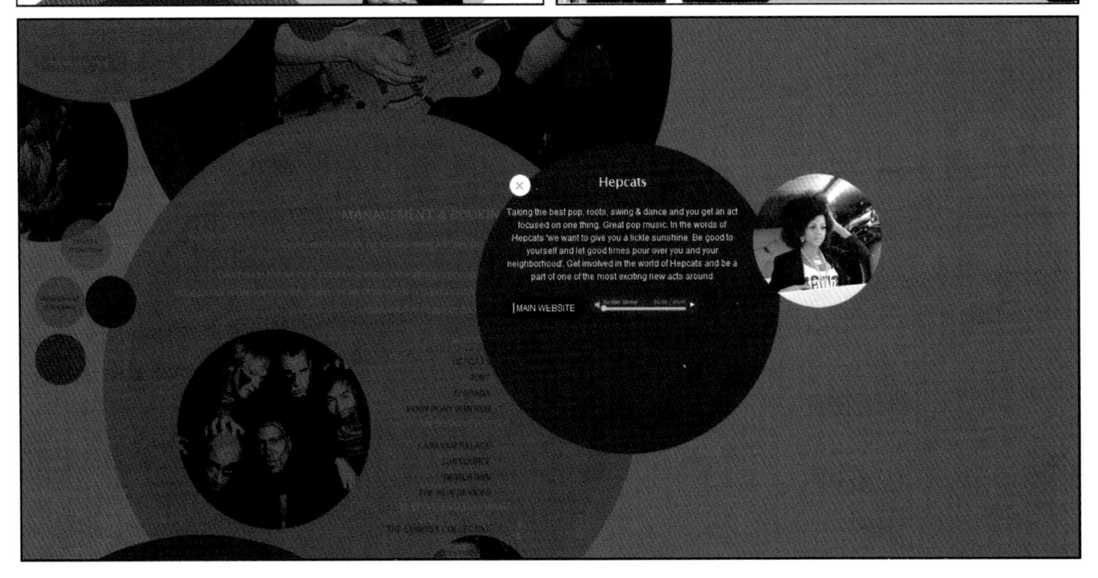

图6—2　curious generation网页设计

一样。从总体上讲，英国的网页设计师对该网页的设计非常到位，把握了该网站该有的气质与内涵，并很好地展现了这些方面。

（3）操作步骤

A．首先对curious generation的业务特点进行分析，得出青年民间音乐家的主要特点，而受众则以年轻而容易接受新鲜事物的青年群体为主。

B. 利用了圆形作为基础的单位形态，有张有弛地对它们进行分布方面的处理。形成视觉上良好的节奏感，营造出“泡泡”式的视觉形象。

C. 为了配合这种具有上升感觉的效果，直接采用由上而下的简练的浏览方式。

（4）操作手段

该网页在视觉设计和功能使用方面的设计都非常优秀，在体现出该企业的视觉特征的同时，很好地向观众展现出一个富有青春活力与希望的网站形象，同时很好地利用了我们平常常见的浏览方式（由上而下的活动条设计），与主题的上升的“泡泡”相互结合。

3. 流线型风格

（1）背景资料

Snowden 是韩国的一家专业网站设计公司，它的主页设计获得过 awwwards 网页设计 2011 年 8 月 7 日的单日网页设计最佳作品奖（见图 6—3）。该网页设计团队主要从事全面的网页建设和视觉设计等，能够完成技

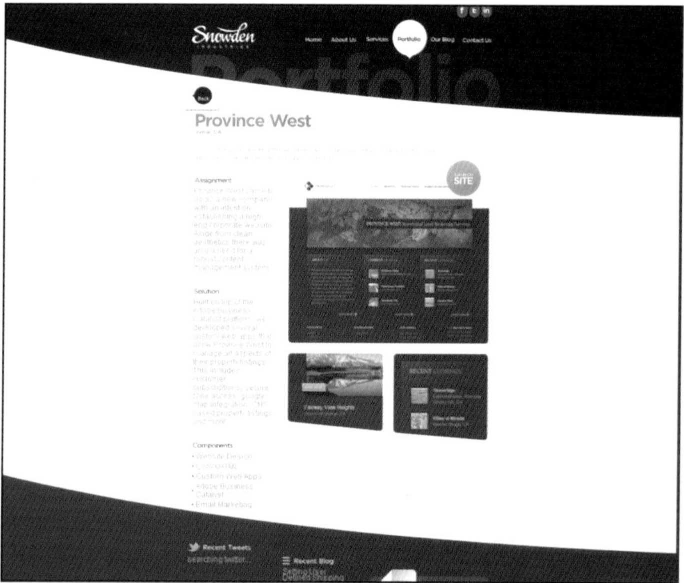

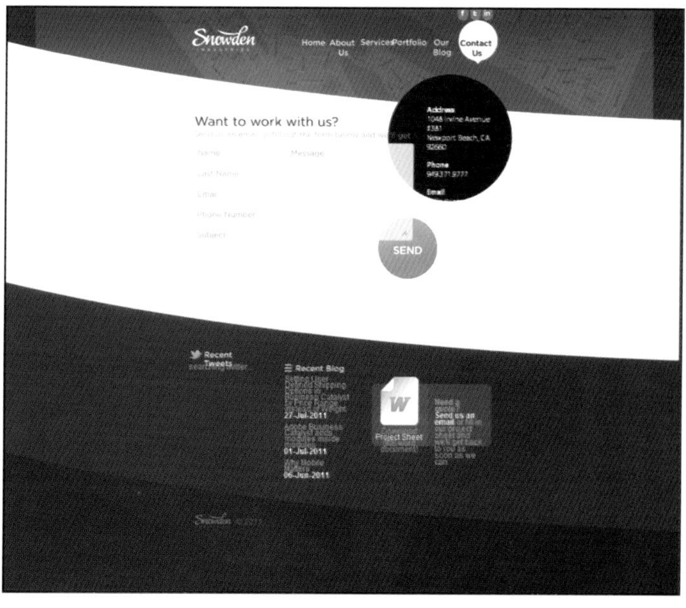

图6—3　Snowden网页设计

术含量最高的网页后台技术和服务器架构等工作。设计团队立足于网页设计并且向媒体、品牌和平面设计等方向有关联地发展。

该团队的成员都是专业领域里面的优秀青年人才，他们有的是多年从事该行业的专业人才，有的拥有相关的高等学位，这样的成员素质让该公司具有比较强的竞争能力。所以Snowden的优点是：技术优秀、成员素质比较高、专业化强等。而所处的行业特征是技术不断更新、需要时代前沿技术。

（2）操作方法

为了能够展示一流的技术和时代科技感，该网页的设计利用了十分流畅的流线型风格。设计师大胆地将横跨整个页面的流畅曲线作为整个页面界面设计的基础构造。这样的划分方式十分具有动感和科技感，十分适合Snowden那种年轻化、有活力的设计团队。醒目的黑白色块增强了时代的节奏感，与流线型的划分方式非常吻合。然而，大面积划分方式尽管显得非常的简洁与大气，但容易产生缺乏细节的乏味感。该网页的设计者注意到了这一点，所以，我们在页面上看到那些小的圆形，它们能够起到点缀作用，同时，设计师在个别有必要的色块中添加了精心设计的精致图片，这些图片以比较“淡”的对比度出现，既能够丰富页面结构，又不会喧宾夺主，让整个页面在流线型的架构基础上丰富效果。少量的橙色色块在画面上也起到了同样的作用。由于该网站的内容比较精简，不属于那些信息量大的网页，所以它也适合使用流线型的造型风格。

（3）操作步骤

A. 明确Snowden公司的团队优势，以及它所处的行业的特征。

B. 使用未来科技感强的流线型造型风格，对整个页面进行整体的处理，利用醒目的大黑与大白色块对比，配合形态的变化，形成统一而又协调的视觉效果。

C. 利用少量小圆元素对页面的空白处和过于割裂的块面交界处进行调节。

（4）操作手段

该网页设计的手段相当直接，能够使用最有效体现Snowden特征的设计风格，具体的页面划分与分割既概括又具有科技感与动感，对细节的把握也十分到位，没有过多的装饰，但又不缺乏精彩与关键的点缀。

4. 怀旧风格

（1）背景资料

兰桥圣菲是位于深圳宝安中心区的深圳西岸别墅区，现在该区域已具有稀缺性和不可复制性。正因为这样，该项目开发商万科集团将其消费人群定位为高端人士。对于这片以稀缺为主要营销理念的别墅，万科采取的广告策略十分低调，然而却很好地抓住了高端消费人群那种“奢华”后的“低调”品位。可以说，这种高层次的低调远远胜于那种表面的浮华。

兰桥圣菲“整个社区的建筑风格为托斯卡纳与安德鲁西亚风格，拥有完整私人院落，由美国原班团队历时两年创作而成，以卓越尺度完美演绎家族传承与大宅生活”；“在尊重周边环境的同时，凸显建筑与生活、土地优雅舒适的关系，并使用有着时光斑驳印记、充满历史积淀感的石材来表现建筑原生特色，锻造一席可传承的家族领地。”[①]

（2）操作方法

根据万科的广告格调，兰桥圣菲的网页设计采用了怀旧风格（见图6—4）。从整体上看，该页面具有一种富有内涵的“陈旧”味道，它并不追求光彩夺目和极尽豪华的视觉效果，而是利用了那种具有经历艰辛而最终获得成功的个人回忆感觉的怀旧设计。在该方案中，设计师很好地把握了带有几分“旧”感觉的界面感觉，有意识地把界面的轮廓与边线处理成参差不齐的效果，非常接近于用旧了的纸张的效果。在颜色的选择与设计方面，它采了大量灰黄色图像和颜色，使整个页面看上去更像富有回忆感觉的旧照片。另外，设计师使用的照片也经过一些带有划痕的处理，非常像是珍藏多年的珍贵图片。

（3）操作步骤

A. 根据资料和广告策略，确立兰桥圣菲的视觉格调。

B. 利用Photoshop等图像处理软件，对现代的实拍图片进行色彩和做“旧”效果处理，包括它上面的划痕与参差不齐的边线。

C. 把握整体的颜色格调，保持怀旧风格的灰黄色基调。

（4）操作手段

该网页设计很好地根据广告策略，营造出带有怀旧感觉的低调，直接有效地表达出理想的视觉效果。

5. 西方古典装饰风格

（1）背景资料

英国人比较喜欢传统的婚礼形式，Event couture是一家从事结婚服务和宴会服务的公司，它提供的婚礼服务以英国的传统婚礼形式为主，从该公司提供的案例中可以看出其主要策划古典式婚礼。该公司的具体业务包括古典风格的婚礼化妆、婚礼摄影、婚礼宴会等。

（2）操作方法

Uk WebDesign网页设计团队根据Event couture的定位，精心设计了英国传统装饰风格的设计网页（见图6—5）。在该网页的设计上，设计者采用了大量的模特穿着古典礼服的案例图片，以求向受众传达直观的“古典婚礼风格”视觉效果，让他们能够一目了然地知道Event couture的公司业务。同时，良好的摄影图像能够很好地激发潜在消费群体的消费欲望。该网页的设计用色也非常讲究，无论是照片的色调还是页面界面的色彩基调方面，都采用了深褐色，很容易让人们联想起古典油画的颜色。这样的色调能够体现出西方古典风格的味道。与此

① http://newhouse.sz.soufun.com/2009-03-05/2434957all.htm

图6—4　兰桥圣菲网页设计

图6—5　Event couture网页设计（作者：Uk WebDesign）

同时，设计师在界面的文字设计上也花了心思，采用了古典的连笔钢笔字效果。最后，在界面的一些元素方面，例如，滑动条与页面装饰上，也使用了和整体风格十分协调的古典装饰花纹。

（3）操作步骤

A. 根据Event couture的业务特点，确定西方古典装饰风格为主要页面设计风格。

B. 尽量利用大量身穿古典婚礼服的模特照片，让受众直观地感受该公司的产品与质量。

C. 把带有西方古典艺术品味的褐色作为整体网页的主要基调，同时运用古典的装饰，对界面适当地进行设计，从而使整个页面具有西方传统的韵味。

（4）操作手段

该网页设计非常好地解读了Event couture作为一个婚礼活动的公司应有的内涵，并且很好地运用西方古典风格，展现出了良好的视觉效果。

6. 中式传统风格

（1）背景资料

秀爱意网站乍一看像是一个销售刺绣产品的网站，然而，它和这些产品并没有什么关联，它其实是联想集团的 ThinkPad 机型进行公益推广活动的网站，网页见图 6—6。5·12 汶川大地震之后，羌族人民遭遇了灭顶之灾。羌族是国内知名的擅长刺绣的少数民族，他们的刺绣作品也是中国文化遗产中的无价之宝。然而，这场地震给这里的羌族人民和他们刺绣行业带来了巨大的打击。所以联想集团组织了一场专门帮助羌族人民和扶持他们的刺绣行业的公益活动，该活动将销售的 ThinkPad 电脑的部分利润直接捐献给受灾地区。当然，这个活动同时也是联想的品牌宣传活动之一。ThinkPad 机型来源于世界著名的电脑生产商 IBM，后来被联想收购，成为其旗下的机型，联想希望在对这一机型的推广中标上中国文化的视觉特征。经过联想的精心设计，这个曾经世界闻名的手提电脑机型被中国化，并依然能够占据世界手提电脑市场的主导位置。

（2）操作方法

为联想设计广告的设计师们挖空心思，巧妙地将“秀爱意”中的“秀”与刺绣中的“绣”联想起来，非常有创意地拓展出一个平面的“刺绣”页面。羌族是中国具有代表性的少数民族，它们的历史可以追溯到秦汉时期，

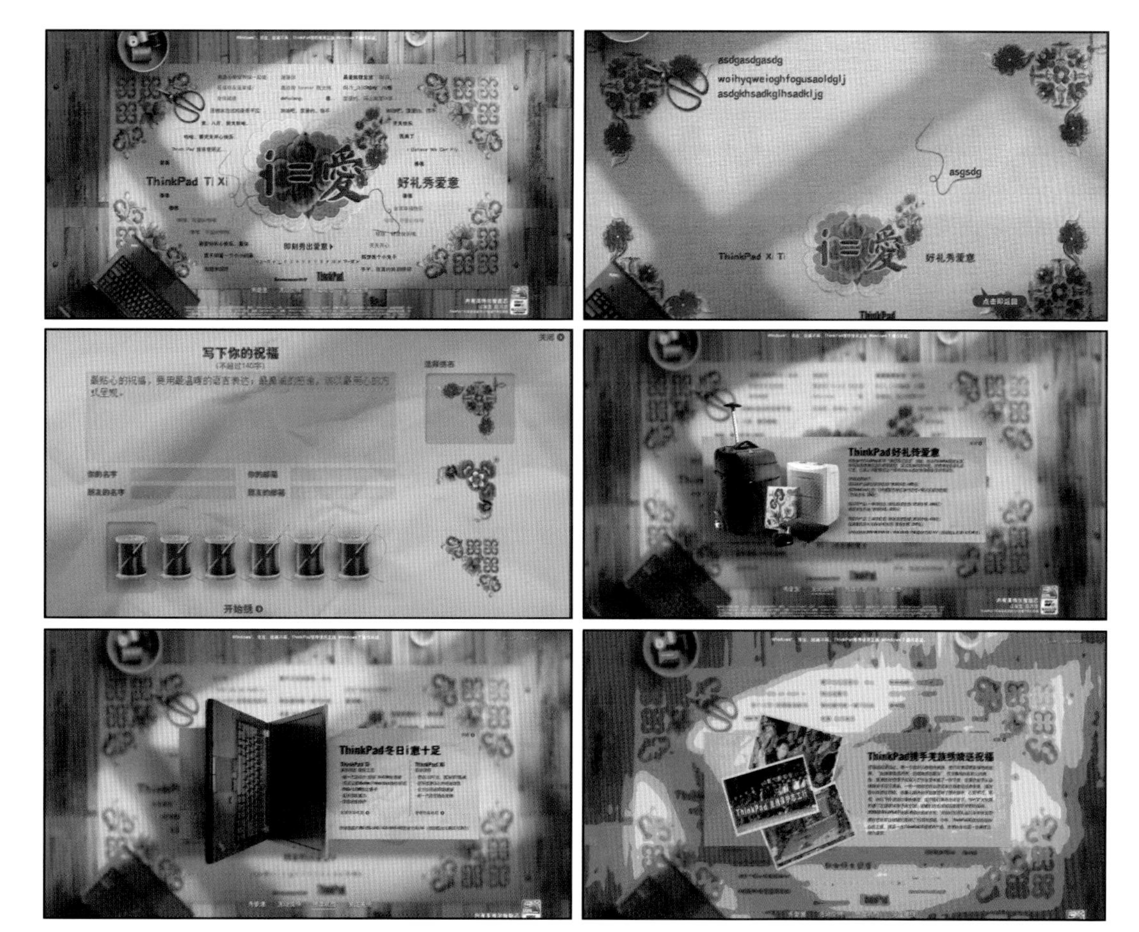

图6—6　秀爱意网页设计

其艺术是中国文化的优秀代表。网页设计师利用这种具有少数民族特色的中国传统风格，营造出了一个既有中国特色又满足创意点的平面视觉空间。这样风格的网站设计打动了中国的消费者，同时对于国外的受众来说，也有着良好的传播力。它反映的是中国文化的气质，同时将“爱”这个概念很好地融合到这种风格里面。在具体的页面设计方面，秀爱意网站也非常好地拓展了它的创意，除了非常简洁地呈现出具体的宣传内容以外，还运用了刺绣的形式，让受众可以通过打字的方式在绣布上绣出自己独特的祝福语，与此同时，设计师更是设定了不同颜色的刺绣线供用户选择，背景的刺绣也是可选的，图案效果十分独特与真实。

（3）操作步骤

A. 结合 ThinkPad 具有中国特色的公益推广方案，将“秀”与“绣”关联起来，并进行视觉化。

B. 利用羌族刺绣这种富有中国传统风格的视觉元素，对整个页面进行布局。

C. 合理地拓展联想，利用可选颜色的刺绣线让用户“绣”出祝福语，使整个页面的视觉效果和用户的使用感受浑然一体。

（4）操作手段

该网页设计十分出色地运用了中式传统风格，很好地延续了 ThinkPad 的中国式视觉特征，结合了具体的公益活动并合理地视觉化界面，完成了非常有中国味的推广网站设计。

六、实验教学问题解答

1. 运用简约的几何型风格需要注意什么?

答：使用的几何形单位形状要尽可能简洁，造型繁杂的单位形状容易产生凌乱与繁琐的整体页面效果。另外，对几何形的排列要按一定的规律进行，可以依次序观察与安排如下变化：比例、方向、明度、疏密等。

2. 流线型风格适合哪些主题?

答：流线型风格适合富有动感的主题，如体育运动，同时，它也适合于女性用品以及与柔美等概念相关的主题。

3. 怀旧风格与西方古典装饰风格是否类似?

答：是，每种艺术风格都难以与其他风格存在绝对差异，各种风格之间都可能有一定的关联性与相似性。怀旧风格也可以采用西方古典装饰风格中的元素，然而，怀旧风格的特质在于在视觉上带有陈旧感，而古典风格只是使用古代的经典元素，而并没有视觉上的陈旧感。

七、作业

1. 作业内容

单独完成五种不同风格的网页设计作业，每种风格完成一个页面设计。

在网上查找使用简约的几何型风格、流线型风格、怀旧风格、西方古典装饰风格和中式传统风格的优秀网页设计，并根据相应的主题对它们使用的风格进行分析。认真观察色彩与造型处理在特定的风格中是如何运用的。总结经验后，自选题目，并运用这五种风格进行页面设计。

2. 作业要求

理解这五种风格各自的特点，总结不同风格对造型与色彩的结合，分析形成这些风格的重要构成元素。

3. 时间要求

一周的课余时间。

4. 评价标准

在总体上能够体现特定风格的视觉特点，页面设计的整体感要强，元素、图片、文字、分割等要和谐统一。

具体标准如下：

第一，简约的几何型风格：把握好现代感强烈的几何型风格，首先要对现代设计有所了解，通过关注现代的工业产品造型和服装设计以及包装设计可以获得一些灵感。需要以几何形为基础单位考虑页面的分割，注意它们之间的比例关系与排列。在视觉效果上需要给人一种简约之美。

第二，流线型风格：使用流线型造型风格的时候，注意把握曲线形态的动感与柔美，体现出美感。

第三，怀旧风格：表现怀旧风格的时候，需要注意图像在视觉质感上偏旧，在色彩上偏黄偏黑的特征。尽管不需要使整个页面的视觉元素都含有以上的色彩特征，但在大面积的视觉元素上则需要考虑把这些方面作为主要的基调。视觉效果能够反映出一定的怀旧情感。

第四，西方古典装饰风格：运用该种风格的时候，需要尽量多地参考古典装饰品的造型和风格，力求将这些元素合理地运用到自己的设计上。能够体现出古典装饰的那种深沉而又华丽之美。

第五，中式传统风格：通过对中国古代有代表性的装饰与文化象征的总结，找到并归纳出这些中式传统风格的特点。结合自己的选题合理地使用它。在视觉上需要富有中国传统的美感。

八、学生作业点评

图6—7是以作者的大学生活与爱好作为主题的网页设计，页面使用了一些具有“使用”感的材质图像与带有几分陈旧的色调，这种格调带有几分怀旧的色彩，对布局和模块的处理符合这个主题的需要，完整性比较好。

图6—8的选题也是作者的大学生活，尽管是同一个主题，但他对于生活的理解不一样，所以作品所呈现的基调也不一样。从图6—8的色彩的基调中可以感受到一种青春活力与生机蓬勃的感觉。作者选择简约的几何型风格增添了页面的时代感，造型与色彩的配合比较协调。

图6—9是一个中式餐厅的网页设计，作者在注意到基本的块面划分布局以后，选择了比较特别的中式装饰图案作为页面的主要背景，在切换页面的时候也能够看到具有中国特色的吉祥物图案，“中国味”比较浓。

图6—10是一个国外香水品牌的网站。这种香水来自法国，其历史悠久。作者在该网页的设计中，使用了很多西方感比较强的花卉图案与人物图案，比较好地渲染出了主题所需要的效果。但是个别的装饰线显得不够严谨，与主题还不够协调。

图6—11展示的是世界名车法拉利。高端跑车标榜的是速度，所以动感与速度感是这个主题的主要特征。该作业选用了流线型的界面划分与装饰方法，体现出了一定的动感。

图6—7　怀旧风格的运用（作者：鲍放）

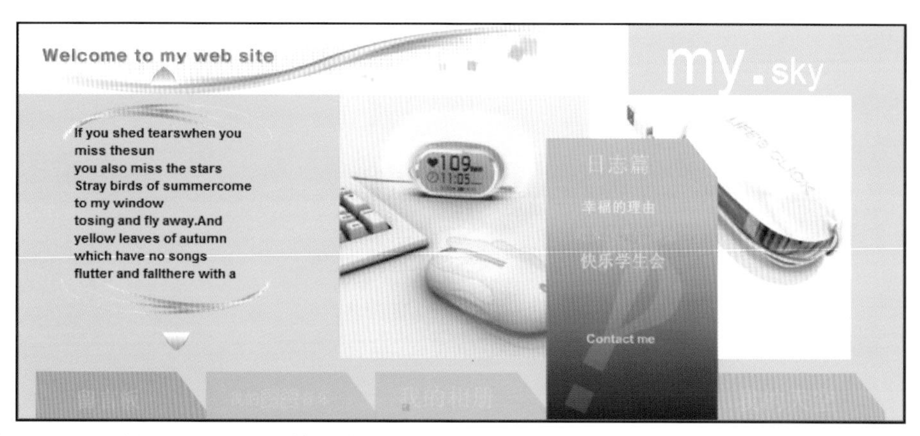

图6—8　简约的几何型风格的运用（作者：陈柏章）

图6—9　中式传统风格的运用（作者：梁仙娥）

图6—10　西方古典装饰风格的运用（作者：林叙君）

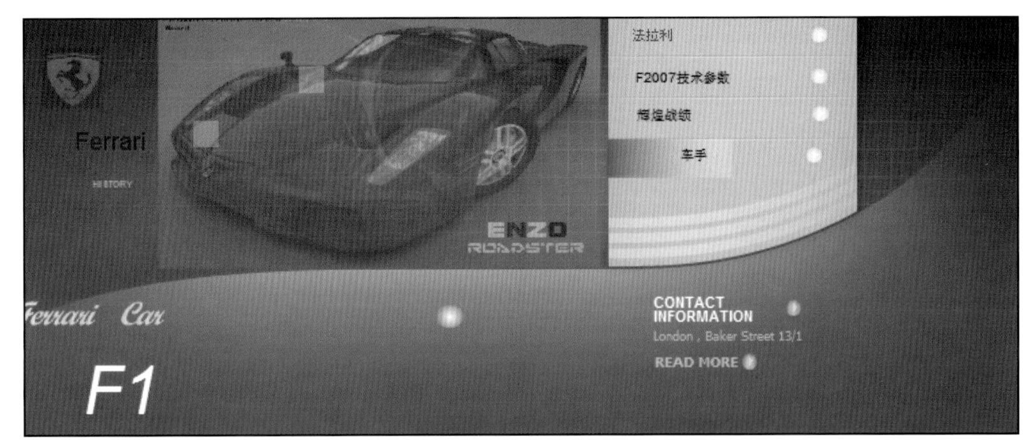

图6—11 流线型风格的运用（作者：丘航）

九、参考资料

参考书

1. 王战．功能与美的角逐——西方现代设计艺术风格论．长沙：湖南师范大学出版社，2008．重点阅读：第六章第二节

2. [美]埃莉诺·弗里德曼著，徐健译．简约之美：现代主义风格．天津：天津科技翻译出版公司，2002．重点阅读：第一章

3. 王受之．世界现代设计史．北京：中国青年出版社，2002．重点阅读：第十二章

4. 贾楠，周建国编著．中国传统图案设计．北京：科学出版社，2010．重点阅读：第一章～第四章

参考网站

http://www.zaum.co.uk

http://www.curiousgenerationgroup.com/

http://www.snowdenindustries.com/

http://www.gotmilk.com/

http://mattsalik.com/

http://sh.vanke.com/shanghai/ranchosantafe/01.htm

http://www.eventcouture.co.uk/index.php

http://i.thinkworld.com.cn

http://www.chinavisual.com/

第七课 风格化网页设计（2）

核心提示

认识与掌握本课的 5 种网页设计风格。通过对具体案例的分析，掌握它们各自的视觉特点与特征，学会灵活与合理地应用它们。

一、实验教学内容

1. 卡通风格
2. 个性插画风格
3. 超现实主义风格
4. 材质表现风格
5. 三维风格

二、实验教学的理论知识

1. 卡通风格

卡通是动画和漫画风格的一种，它是 20 世纪 60 年代到 70 年代诞生的一种视觉形式，它的产生与电影摄像技术的演变和升级有关。卡通风格最著名的代表是迪士尼的米奇老鼠，它代表着动画新时代的开始。动画能够让静止的图像动起来，生动的表演效果能吸引青年和儿童，甚至成年人也"为之一笑"。所以说，这种风格非常具有亲和力，能够打动大部分的人群。回顾美国式动画，我们总能够发现很多诙谐和幽默的情趣在里面。卡通形式的第一受众人群主要是青年和儿童，这和他们的心理特征有关。根据科学研究，儿童的智力和反应速度没有成年人快，所以他们比较抗拒复杂的事物，喜欢造型简单，在形象上比较接近他们自己的东西。从这点上看我们就不难理解为什么很多动画角色形象都采用比较简单的设计样式。同样的，在卡通风格中，颜色也是以鲜艳而又单纯的色块为主。卡通风格有亲和力主要是因为大部分人群都喜欢小孩，所以卡通造型的产品能给人可爱的感觉。

2. 个性插画风格

插画在早期主要是运用于广告和书本的绘画形式，著名的印象派画家德加曾经为商业广告画过艺术感染力很强的插画。插画主要以手绘工具和电脑绘画等工具为主。尽管现代的印刷和工业生产都离不开电脑，但是动手作画这种传统方式所特有的神韵是电脑工具所无法取代的。正因为这样，直到现在，有很多的插画家还坚持使用纸上绘画或纸上绘画加上电脑辅助的方式创作。插画除了能实现一定的商业目的以外，还带有很强的个性化，这种个性主要反映在插画家的绘画风格和作画习惯方面。从另外一个角度看，随着现代工业生产的批量化和标准化，产品的共性提高了，但个性却在不断地减弱。我们可以从世界上很多著名的小众品牌看出，个性化的产品往往能够得到高端消费市场的青睐，这是因为人们总在追求稀有的和独一无二的事物。个性插画在网页设计上的作用主要体现在表现艺术个性和事物的独特气质以及手绘形式的“原味”，适合的主题主要包括个人网页、博客、微博和那些追求独特品位的产品。

3. 超现实主义风格

超现实主义风格起源于第一次世界大战以后，当时无论绘画界还是音乐界都发生了思潮变化，这与世界政治的不安定因素有关。著名的心理学家弗洛伊德提出了性是人的潜意识的观点，他的心理学对当时的科学与艺术都产生了巨大影响。超现实主义绘画流派中的代表人物达利就是该理论的拥护者。达利的绘画风格除了继承传统西方写实绘画描摹事物的特点，还大胆地加入了自己“怪诞”的想象力，把他认为最富有想象力的“梦境”用现实的手法表现出来。他的作品经常能够传达一种既真实又不可思议的意境。

“超现实主义为现代派文学开创了道路。超现实主义作为一个文学流派，实际存在的时间并不很长，作为一种文艺思潮，作为一种美学观点，其影响却十分深远。超现实主义者的宗旨是离开现实，返回原始，否认理性的作用，强调人们的下意识或无意识活动。法国的主观唯心主义哲学家柏格林的直觉主义与奥地利精神病理家弗洛伊德的‘下意识’学说奠定了超现实主义的哲学和理论基础。”①

尽管超现实主义流派的本质是反映一种不安，但是它的风格对后期的建筑设计、平面设计以及网页设计都产生了比较大的影响。总体上看，这种风格具有想象力，它们超越现实，将真实世界里面不可能发生的事情与事物表现得十分合理，并将其置于视觉空间中，这种幻想与真实的矛盾就是这种艺术风格的动人之处。正如莎士比亚所推崇的那样，只有戏剧性的冲突才能产生戏剧的高潮。对

① 《超现实主义》，http://baike.soso.com/v163110.htm?ch=ch.bk.innerlink。

于网页设计，超现实主义风格那种不可思议的视觉效果能够非常有效地引起观众的兴趣，营造无限的想象空间。在网页的设计上，它的特点在于真实性和遐想的并存，设计师可以使用比较写实而又经过精心处理的图片来营造这种冲突。

4. 材质表现风格

光感、金属感、木头、石头的质感以及各种笔刷的痕迹所产生的视觉效果能够带来不同的艺术格调。这些材质与纹理具有很强的自然性和偶然性，因为它们是来自于自然界的物质，这种与自然界亲密关联的效果能够让设计的产品产生亲近自然的感觉，正如我们在家具的材料使用上，倾向于使用木头材料。与此同时，自然的肌理有着一定的偶然性，它是随机产生的，肌理的效果不可复制，即使同一原料被反复使用，每次出现的效果都不会一样。这也是肌理的多样性特征。不同的材质带来不同的页面组织方式，它们能够产生不可言喻的美感，这种美感唯有直观的视觉感受才能够判断与鉴别。苹果电脑的系列产品对于材质的使用是非常讲究的。众所周知，苹果品牌的产品最初是专门为“设计”而设计，所以它简洁的造型就要配合有品位而又不琐碎的材质进行设计。我们现在可以看到苹果的 Mac Pro 系列产品都采用了非常有品位的金属拉丝材料，在配合简洁的产品外形的同时，还添加了几分优雅的质感，而 iPad 和 iPhone 等产品更是使用时尚的镜面金属质感。

不同材质的纹理能够产生不同的视觉效果，这些视觉效果往往能够与人的直观感受相吻合。“同时，不同的肌理，因造成反射光的空间分布不同，会产生不同的光泽度和物体表面感知性。比如，细腻光亮的面，反射光的能力强，会给人轻快、活泼、冰冷的感觉；平滑无光的面，由于光反射量少，会给人含蓄、安静、质朴的感觉；粗糙有光的面，由于反射光点多，会给人笨重、杂乱、沉重的感觉；而粗糙无光的面，则会使人感到生动、稳重和悠远。”①

纹理与肌理可以使用很多方法制作，既可以利用手工也可以利用电脑软件来完成。“肌理的表现手法是多种多样的，比如用钢笔、铅笔、圆珠笔、毛笔、喷笔、彩笔，都能形成各自独特的肌理痕迹；也可用画、喷、洒、磨、擦、浸、烤、染、淋、熏炙、拓印、贴压、剪刮等手法制作。可用的材料也很多，如木头、石头、玻璃、布料、油漆、海绵、纸张、颜料、化学试剂，等等。”②图像处理软件 Photoshop 内部有很多的滤镜，可以对预先准备好的图像通过各种滤镜化的处理来获得意想不到的肌理效果。

对于网页设计来说，这种风格的特点在于让材质与肌理“自己说话”。它的运用方法

①② 《肌理设计在产品设计中的传达作用研究》，http://www.alllw.com/dianyinglunwen/040T0P42011.html。

包括以下几种：一是根据不同的主题与事物特征选择不同类型的材质与肌理效果，以求达到开门见山地与产品关联，让细节打动用户。二是肌理偶然性能够非常有效地丰富页面。合理的运用可以破除页面上“腻”的感觉。三是恰当地选用材质并与相关的页面构成相结合，能够让页面增添质感。

5. 三维风格

早期人类的绘画大部分都是平面化（即二维平面）的，例如古代的壁画、中国的水墨画等。平面艺术有着它特有的艺术语言，它是艺术家和设计师至今一直坚持研究和探索的领域。然而，二维平面也有它的缺点，它首先展现的是同一个平面，它能够展示的“面”不够全面，对于某些设计产品来说，就会显得不足。西方艺术对透视研究得十分透彻，它能够很好地展现出平面中的三维效果。同时，近20年来三维软件的开发使三维视觉效果在艺术和设计领域里面的应用不断增加。三维风格的优点在于清晰明了地展现事物，营造良好的空间感以及与时俱进的科技感。

三、实验教学设备条件

1. 设备条件

投影仪、电脑、实物投影仪。

2. 实验场地

实训教室。

3. 工具、材料

Dreamweaver、Photoshop、计算机和手写板等。

四、实验教学设计与要求

1. 实验名称

风格化网页设计2。

2. 实验目的

当网页只有良好的内容而没有优秀的表现风格的时候，网页的视觉效果和传播效果会被大大削弱。确立合适的风格来表现主题就像我们讲究穿衣戴帽那样重要。风格化可以培养学生根据自己选择的主题运用合适的表现风格，提升作品的感染力。

3. 实验内容

(1) 实验准备

A. 每个学生收集15个左右多媒体网页设计。

B. 根据所学知识对这些设计进行分类。

（2）实验过程

运用 5 种风格各设计一款网页，根据自己的理解并参考收集来的网页设计作品设计网页，使用 Photoshop 或 Flash 等软件设计各种风格的网页。

4. 实验要求

第一，网页设计美观大方，体现一定的审美品位，富有时代气息，具有一定的视觉冲击力。

第二，色彩和造型能够根据以上分类灵活地运用于设计中。

第三，制作精致、规范。

第四，页面尺寸控制在 1024×768 或 800×600 大小。

5. 组织形式

（1）该实验以个人为单位，以 4 ～ 5 人为一组相互听取意见，但最终的表现效果要求每人独立完成。

（2）下次上课要求每组评出最佳作品，由一位同学上台讲解。

6. 实验课时

9 课时 + 课余时间。

7. 质量标准

第一，卡通风格：要求把握住页面元素的卡通比例特征，页面的造型与视觉效果要在整体上保持一致，具有一定趣味性。

第二，个性插画风格：要求页面的视觉效果具有独特的手绘效果感（注意，手绘效果也可以利用绘图板在电脑上营造出来），具有个性化的感觉。

第三，超现实主义风格：作品能够反映作者大胆的创意，具有一定的视觉冲击力。

第四，材质表现风格：能够手工制作或者电脑制作设计所需要的材质，并且能够合理地运用到作品中。

第五，三维风格：能够通过图片的处理和界面设计等方式营造出三维的视觉效果，页面具有一定立体感与透视感。

五、实验教学案例分析

1. 卡通风格

（1）背景资料

got milk? 网站是位于美国加利福尼亚的 Fluid Milk 公司的推广网站（见图 7-1）。Fluid Milk 公司于 1933 年开始注意自己的品牌建设，并进行了大量的推广活动。该品牌一直致力于树立健康与有趣的品牌形象。它的销售对象以儿童和青年人为主。为了持续地进行品牌建设，网页宣传成了一个重要的环节。got milk? 的网页上除了介绍该品牌的传统资料以外，还设计了很多款以牛奶为主题的 Flash 游戏，这些游戏有的以寻找牛奶瓶为游戏任务，有的以牛奶冒险为主题，力图将健康与有趣的品牌形象向儿童和家长更全面地进行宣传。

图7—1　got milk？网页设计

（2）操作方法

健康与有趣这样的主题给网页设计师带来新的挑战。从网页的最终效果可以看到，国外的网页设计师将卡通式的风格与简洁明亮的构成方式相结合。在明亮的黑灰背景上，生动活泼的卡通形象显得十分丰富而又不会产生视觉上的混乱与拥挤，也保留了该产品所特有的气质——纯净。另外，设计师利用造型生动的卡通角色在网页的主页上进行生动的表演（该网页上的卡通全部经过 Flash 处理，它们能够在各自的位置上动起来），让网页看上去十分生动有趣。主页的卡通背景的画法采用的是动漫中的单色抠线加上剪纸效果，营造出孩子般天真烂漫的视觉效果。在造型方面，设计师还参考了类似于曾经非常受欢迎的动画《马达加斯加》的造型，利用十分夸张的并带有“方”形味道的形象，很好地和时代的主题相接近，让网页更加贴近受众喜好。

（3）操作步骤

A. 将健康与有趣作为该网页的主题。

B. 利用卡通风格渲染网页的整体效果。

C. 利用简洁的背景色调以及简明的页面几何形分割方式突出“纯净”的感觉。

（4）操作手段

该作品的设计师很好地把握了 Fluid Milk 的品牌理念，能够运用卡通风格对“有趣”这一主题进行深刻阐释，并且运用具有“纯净”感觉的黑白背景和简洁的分割方式对网页进行了整合。

2. 个性插画风格

（1）背景资料

Matt Salik 是一个自由设计师，他主要从事平面设计、网页设计、插画绘制和品牌设计等工作。他比较擅长无纸插画，这个专长通过他提供的作品体现出来。作为一个自由设计师，他把网络作为接触客户的主要平台，所以很好地展现自己的特长与艺术感就显得十分重要。在国内很多人都觉得艺术家的形象一般都非常“怪”，这种看法不无道理，因为对于艺术家来说，外表往往就是他们的个性甚至艺术观的外在表现。Matt Salik 也非常明白这一点，所以他在网页的外观上尽可能体现出他在艺术与设计上的特殊气质。与此同时，Matt Salik 的网站需要比较简明高效地呈现其个人作品和联系方式等信息（见图 7—2）。

（2）操作方法

这个网站的内容和功能性设计都比较简约，这主要是由 Matt Salik 的目的所决定的，它主要就是为了展示个人的作品和联系方式等基本内容。尽管内容十分简单，但是作为一个平面设计师的“门面”，它在页面效果方面下了很大的工夫。该设计师的插画风格非常独特，所以这个网页的设计也基本上把插画风格作为主要的设计方向。具有手绘味道的“自画像”很好地体现了 Matt Salik 的个性，那种不拘泥于精确的透视和比例的画法显得既轻松又具有艺术气质，强烈而大胆的用色形成了很强的视觉冲击力。主要的页面背景采用了传统绘画中“擦”与“刮”的技法，这样能够让页面增添几分“自由艺术”的味道。整个网页的风格独具一格，相关的按钮设计也被非常到位地以插图风格的形式展现，包括主要的几个导航按钮，这些按钮文字都经过精心的设计与处理，它们非常好地融入整个页面的个性插画风格中。总

图7—2　Matt Salik 个人网页设计

体上看，该网页设计非常到位地展示了 Matt Salik 的艺术与设计个性，在视觉效果上非常独特。

（3）操作步骤

A. 确定 Matt Salik 网页的主要内容：个人简介、作品和联系方式。

B. 选择最能够体现 Matt Salik 个人设计与艺术气质的插画风格。

C. 对页面上的基本功能按钮进行精心设计，以求与整个网页的风格相协调，融入个性插画风格中。

（4）操作手段

个性化插画风格非常适合 Mastt Salik 这样个性和艺术风格鲜明的设计师。整体的页面风格一目了然地体现了他作为一个无纸插画艺术家的专业特长。个性十足是该网页设计的成功之处。

3. 超现实主义风格

（1）背景资料

North Kingdom 是丰田汽车推广它的一个主要车型——普锐斯混合动力汽车的网站，该网站主要立足于法语市场，即法国与部分的南美国家，其网页见图 7—3。普锐斯是一款比较早的混合动力车型，它在混合动力技术方面比较先进。不幸的是，震惊世界的 2009

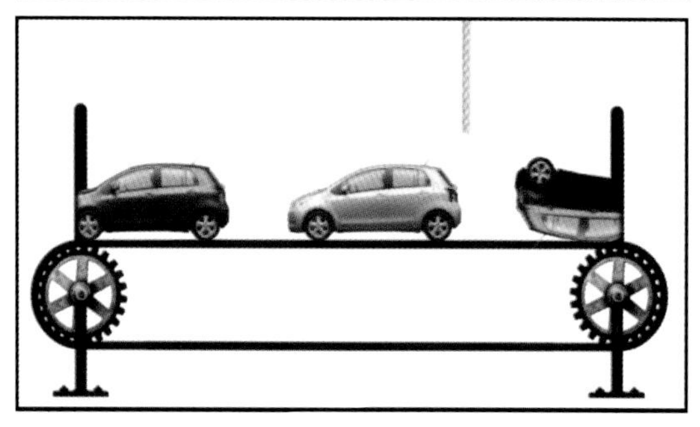

图7—3　North Kingdom 网页设计

年丰田汽车的刹车事故的主角正是普锐斯这款车。对于汽车企业来说，当一个车型的生产被确定下来以后，它们的投入是相当巨大的，也几乎不能够放弃生产。所以，当普锐斯事故发生后，除了针对问题改进以外，丰田还需要重新给市场新的信心与兴趣点。因此在重新塑造该车型的形象方面，North Kingdom 的网页设计就需要给受众耳目一新的感受。另外，混合动力汽车标榜的是环保和节能，它在行驶的时候一半使用清洁的电能，一半使用汽油。一般情况下，它在市区内可以使用电池动力，而需要跑长途的时候就使用汽油。根据世界原油组织提供的资料显示，按现在原油的使用速度计算，在 50 年内已探明的石油储量将会耗尽。因此，混合动力汽车最大的卖点就在于非常节约汽油。

（2）操作方法

该网站的设计师紧紧地抓住了“节能的未来”这个设计概念，运用能够引人入胜的超现实主义风格，营造出了非常有魅力的网页设计。North Kingdom 的整体页面与一般的网页设计不一样，它将所有的内容都很好地归纳到“天空之城”这个未来的城市中，界面中许多新颖的小事物成为展示普锐斯特点的道具。在设计师精心的设计下，“天空之城”的上半部分和下半部分都似乎是可以用于“生活”的空间，景观、建筑和城市设施摆放随意却又不失内在的逻辑，热气球、小鸟等为它添加了几分生活气息。与此同时，“天空之城”的事物大部分都是能够“动”的，有的是自然的运动，有的需要与用户的鼠标互动，而这些细节都是为了创造这个看上去真实而现实中却没有的“节能未来世界”。用户能够很直观地与这个未来的城市进行互动，并在富有想象力的空间中进行探索。从整体上讲，它让用户能够有一种全新的视觉体验，非常好地展示了丰田所希望表达的概念。最后，考虑到使用效率，设计师在城市的下方使用了并列的文字链接方式，这是让使用效率提高的最佳方案，它能够给予那些已经体验过这个好玩的“天空之城”的用户更快地找到他们想知道的普锐斯的具体内容的简洁方式。从这个细节中可以看出 North Kingdom 的设计师十分全面地考虑了设计的问题，并完善了该网站的功能性设计。

（3）操作步骤

A. 确定普锐斯车型的产品特点与诉求。

B. 运用超现实主义风格，对页面的具体内容进行“不可思议”的合理设计与联想，以求耳目一新的视觉效果。

C. 除了将内容精心地安排到“天空之城”的具体事物上，还利用下方文字的链接提高获取信息的效率。

（4）操作手段

该网页的设计十分新颖，能够很好地把握丰田汽车普锐斯车型的环保特点，运用引人入胜的超现实主义风格，营造出让人流连忘返的未来环保城市，很好地给这个车型一种新的视觉阐释。

4. 材质表现风格

（1）背景资料

carbonica 是一个专注于碳排放的，以环保为基础的商业资讯网站（见图 7–4）。众所周知，全球变暖现象已经成为当今世界的一个主要问题，对于这个问题，世界各国政府已经开始推广绿色环保生活并制定了减低碳排放的标准。环保主题是新的经济主题，经济学家称之为低碳经济。carbonica 就是专门提供碳排放信息的网站，它能够非常简便地让个人了解当今的低碳生活、如何减排以及碳交易等资讯。

该网站的任务是与全球变暖现象对抗，其工作是推动低碳经济。全球变暖现象是当今全世界面对的问题，人为的气体排放污染程度已经上升到了非常危险的级别。该网站提供商业化的资讯服务，让每个人获得关于这方面的信息，这些信息能够帮助人们减少碳排放对整个地球环境的影响。

综上所述，碳排放这个主题很明显是该网站的重点，同时爱护自然以及提倡环保也是它的主要内涵。

（2）操作方法

在碳排放这个主题中，碳是表现主题，所以设计 carbonica 网站的设计师牢牢地把握住了这一点，该网页的主要导航呈现的都

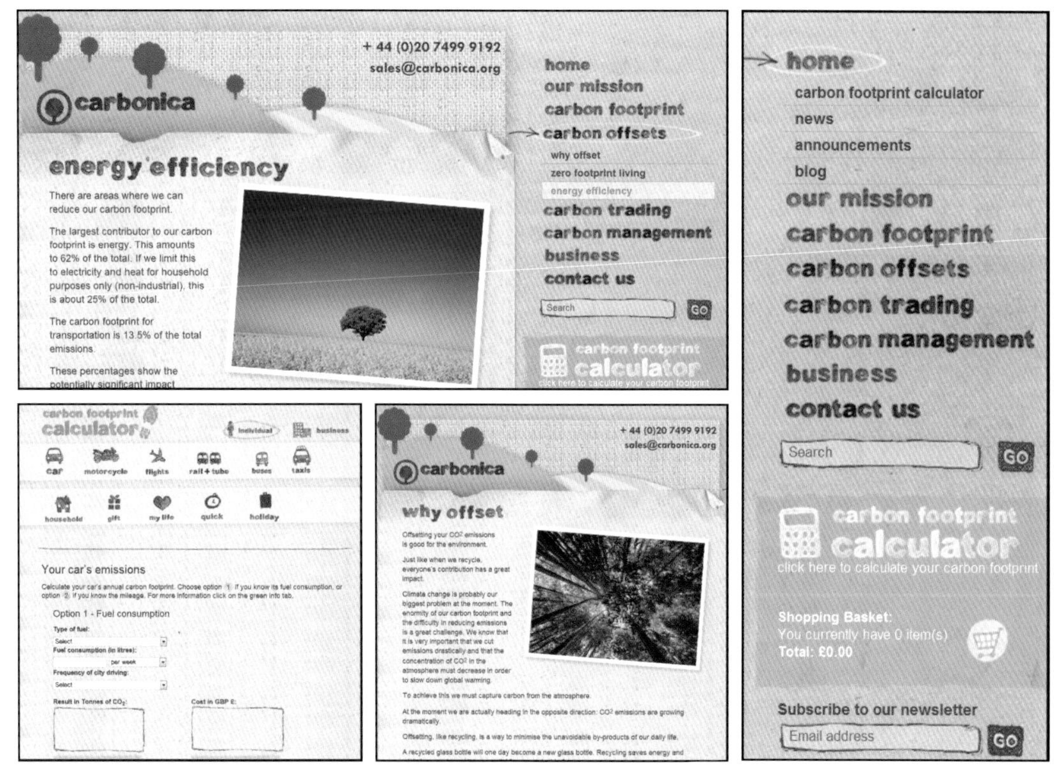

图7—4　carbonica网页设计

是类似于炭笔手绘的设计效果，它们看上去非常随意，甚至有点像儿童使用炭笔画出来的效果。设计师刻意地让它们看上去有一种歪歪扭扭的感觉，因为这样更能够体现亲近自然与憧憬绿色世界的主题，有点像艺术大师通过儿童的眼睛看世界的艺术处理方式。在背景的处理方面，设计师非常大胆到位地使用了粗糙的素描纸效果和石头纹理，这些看上去有些“不修边幅”的纹理正好与整个网页的设计理念相互配合，产生了统一的艺术效果。另外，在环保的内涵表现这方面，该网页使用了带有几分“笨拙”味道的剪纸效果的树木和大地，这也能够与页面的其他元素保持一致的风格。

从总体上说，该网页很好地利用了炭笔的痕迹与纸本材质对“低碳经济”进行了非常到位的视觉阐释。

（3）操作步骤

A. 确立“碳排放”中的碳作为该网页设计的视觉中心。

B. 运用材质与肌理风格并借用炭笔笔迹效果对这个视觉形象进行阐释。

C. 根据 carbonica 的其他核心内容，对整个页面进行统一的风格处理。

（4）操作手段

carbonica 的网页设计运用了材质与肌理风格，描绘出非常到位的低碳视觉形象。它除了反映出人们对低碳生活的向往以外，还能够唤醒我们的环保意识，十分恰当地表现出了该主题应有的格调。

5. 三维风格

（1）背景资料

Agentura matchball 是一家动力系统设计公司，该公司主要从事能源和动力系统的设计。理工类型的企业一般比较重视条理性与系统性，这是良好而又高效的系统设计企业所追求的设计理念。因此在这类题材的设计方面，客观全面地展示它的全部设计过程就显得十分重要。

（2）操作方法

根据 Agentura matchball 的情况，设计师展现出一套完整而又有效地体现它的内涵的设计。该网页利用了三维风格，使“系统”的视觉逻辑感非常明了地展现在用户面前（见图 7–5）。设计师将该企业的各个要素转化为一套生动的系统界面，利用不同建筑、汽车和指示牌等作为栏目的按钮。另外，该网页的页面过渡设计也非常符合三维风格，它在切换的时候，整个空间会整体地移动，就好像从天空中航拍的镜头在移动一样，非常好地展现了动力系统的逻辑感与条理性，也很好地利用了“空间”的概念。

（3）操作步骤

A. 首先对 Agentura matchball 这个企业的性质与内涵进行分析，然后得出系统性和逻辑性是它的主要内涵。

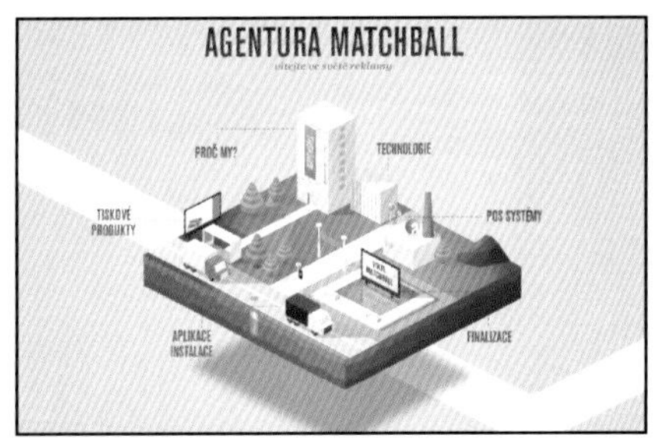

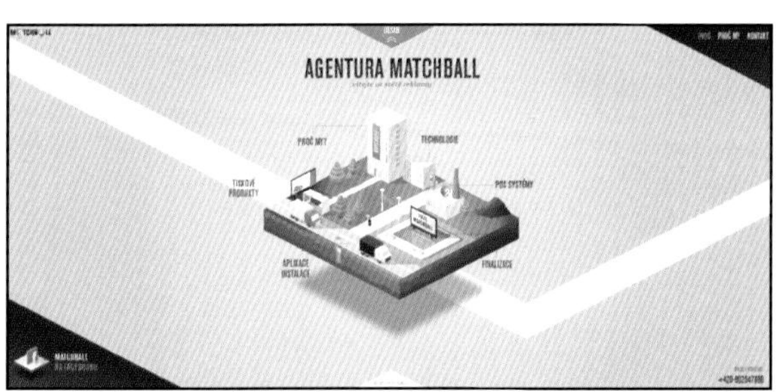

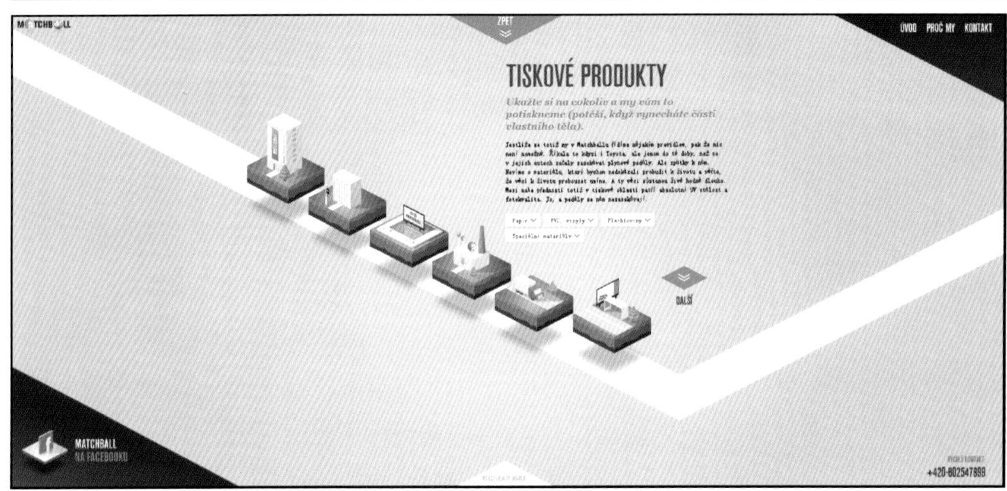

图7—5　Agentura matchball网页设计（作者：Uk Web Design）

B. 利用三维风格，展现出企业的特点。

（4）操作手段

国外的设计师非常有针对性地使用了三维风格的网页设计，客观又生动地展现了该企业的特点与内涵。页面也显得很有条理。

六、实验教学问题解答

1. 卡通风格造型的要点是什么？

答：注意比例与形状。卡通风格的造型特点是人物或动物的比例一般采用 5 个头以下的比例尺寸。例如，人物角色的设计，以他的头作为基本的测量单位，站立的时候从头往下测量大概是 5 个头的比例关系，有时甚至会采用 3 个头的比例。与此同时，其他的造型尽量多地使用圆润的曲线外形，因为曲线的外形更加具有亲切感。

2. 超现实主义风格的设计特点是什么？

答：该风格那种无限的想象力来源于逻辑与视觉真实的矛盾，这种矛盾产生的冲击就像莎士比亚的作品一样具有强烈的冲击力。所以在运用该风格进行设计的时候，需要注意那种“不可思议”的视觉真实与思维逻辑之间的矛盾。想获得这方面更多的启发，可以参考艺术大师达利的超现实主义作品。

七、作业

完成以上五种风格化网页设计各一个，作业要求与实验要求一致。

1. 作业内容

单独完成五种不同的风格化网页设计作业，每种风格完成一个页面设计。

在网上查找使用这五种风格的优秀网页设计，并根据相应的主题对它们使用的风格进行分析。认真观察色彩与造型处理在特定的风格中是如何运用的。总结经验后自选题目，并运用这五种风格进行页面设计。

2. 作业要求

当网页只有良好的内容而没有优秀的表现风格的时候，网页的视觉效果和传播效果会大大削弱。确立一种合适的风格来表现主题就像我们讲究穿衣戴帽那样重要。风格化可以培养学生根据自己选择的主题运用合适的表现风格的能力，提升作品的感染力。页面尺寸控制在 1024×768 或 800×600 大小。

3. 时间要求

一周的课余时间。

4. 评价标准

在总体上能够体现特定风格的视觉特点，且页面设计的整体感要强，元素、图片、文字、分割要和谐统一。

第一，网页设计美观大方，体现一定的审美品位，富有时代气息，具有一定的视觉冲击力。

第二，能够根据以上分类灵活运用与处理色彩和造型。

第三，制作精致、规范。

八、学生作业点评

图 7—6 是一个个人作品集与个人资料的网页设计，作者使用了卡通风格。页面中的卡通造型生动，背景与主题的视觉风格协调。但是作品没有体现出文字方面的编排能力。

图 7—7 采用了个性插画风格，其主题是几米的作品集。几米是当今知名的插画师，该网页主要的栏目设计与按钮的设计都选用几米的插画。作者采用了一种地图形式的导航方式来展示几米的作品，另外，每个茶杯与水果的图案都是一个打开新页面的按钮，作者花了一定的心思使页面在整体上个性感比较强。

图 7—8 是一个为中国教育基金设计的广告。该设计使用了幻灯片播放方式。该作业为了追求“真情实感”，使用了记事本作为背景，同时，写实的照片与棱角分明的字体也加强了这种实在感。该作业材质的使用能够满足这个主题的需要，主题基调把握得比较好。

图7—6　卡通风格的运用（作者：陈金福）

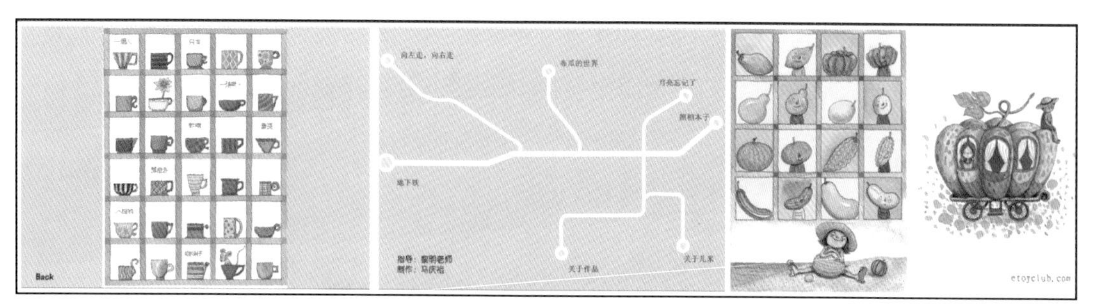

图7—7　个性插画风格的运用（作者：马庆祖）

图7—8　材质表现风格的运用（作者：邹惠琴）

九、参考资料

参考书

1．王战．功能与美的角逐——西方现代设计艺术风格论．长沙：湖南师范大学出版社，2008．重点阅读：第六章第二节

2．［美］埃莉诺・弗里德曼著，徐健译．简约之美：现代主义风格．天津：天津科技翻译出版公司，2002．重点阅读：第一章

3．王受之．世界现代设计史．北京：中国青年出版社，2002．重点阅读：第十二章

4．贾楠，周建国编著．中国传统图案设计．北京：科学出版社，2010．重点阅读：第一章~第四章

参考网站

http://www.alllw.com/dianyinglunwen/040T0P42011.html

http://www.gotmilk.com/

http://mattsalik.com/

http://www.carbonica.org/default.aspx

http://demo.northkingdom.com/ihuvudetpatoyota/

http://www.mball.cz/#

http://www.chinavisual.com/

第五实验阶段

网页中互动因素与设计

第八课 互动设计

核心提示

1. 理解网页互动的概念。

2. 掌握本课6种互动设计形式，并能够将它们运用到设计中去。

一、实验教学内容

1. 宏观与局部变换式
2. 平面拓展式
3. 综合拓展式
4. 游戏互动式
5. 视频互动式
6. 联想具象化形式

二、实验教学的理论知识

互动设计是近几年业界提得比较多的一个概念，有的专业书刊又把它称为交互式设计。互动一词来源于英文中的interactivity，牛津在线词典对它作了这样的解释：一是指人们之间的合作以及相互影响；二是指电脑和它的使用者之间进行相互的信息传递与双向交流。其中的第二种解释就是当今设计专业经常提到的交互式或互动设计的概念与内涵，它主要包括人与电脑之间的交流，或者人与人通过电脑这个中间媒介进行“互动”的交流，它反映的是一种双向的信息传递方式。

“交互设计是网页设计的一个方面，是现有设计领域中最新发展起来的学科。交互设计是计算机发展的产物，这个概念早在个人电脑刚开始发展的20世纪80年代早期就已经形成了。在IDEO从事这一工作的人类学工程师比尔·维普兰克指出：‘既然出现了站点地图、模式设计、编程等技术，一些更有趣的东西也随之发生了。比如，你将以怎样的方法应对复杂的交互过程，这就是交互设计。'" [1]通俗地说，这种艺术与设计的新形式，可以被理解为“输入与输出”的艺术，即任何人类行为和活动都可以作为一种信息的输入或触发电脑反应的一种方式。同样，任何输出结果都是有可能的。在英国的泰晤士威利大学（TVU）的电脑艺术专业课程中，学生曾经做过这样有趣的实验性作品：通过医疗器械对人的情绪进行测试，测得的数据立刻被传送到电脑，电脑通过对数据的结果判断当事人的情绪状况，并相应地调动出不同类型的短片，通过这些幽默、惊险或者休闲的短片对被试的情绪进行调节。

互动设计的具体内涵包括界面设计、网页设计、电子工业产品设计和现代装置设计等。这种新型的设计需要符合可视性强、易用、结构清晰和及时反馈原则。“《日用品的设计》一书概括了一个优秀的交互工具方案应当具备的四条原则：1.必须可见(用户应当能够看到它的即时状态)；2.必须令用户易于形成对工具的概念模式；3.在界面和功能之间必须有好的结构地图；4.在用户做出行动之后必须得到反馈。这些原则事实上也适用于整个网页设计领域，同时为我们思考和评价设计方案提供了一个好的模式。” [2]这几条设计原则也呼应了信息设计对传播效率的追求。

互动设计在网页设计的运用方面也属于一个重要部分，尽管很多用户都已经习惯那种标准的菜单按钮式的浏览形式，但是设计师在交互式的设计中还保持着不断的创新，在有限的条件下根据设计的不同主题和内容的需要进行恰当而富有想象力的创作。

1. 宏观与局部变换式

这种表现形式主要运用使用功能里面的放大与拉远功能，这样的功能最早应用在摄像机上面，现在的数码相机上的放大功能也属于这一类。我们在看电影的时候，也经常会见到这种方式的使用。影视专业称之为“推、拉、摇、移”。其中的推和拉就是该类方式的主要应用形式。推进给人层层深入的艺术感觉，它是一种从宏观视角转变为微观视角的方式，适合交代大的环境并切入详细的内容。很多电影的片头都借用了这种手法来表现精致效果。相反，拉远是从微观视角转入宏观视角的过程与方式，适合表现在最终的点题与揭示之前被隐藏的主要内容。这种表现形式在结合“点击、鼠标滑过”等不同的“输入”或“触发”方式后，可以产生不同的用户体验效果，而这些方面的设计更加需要设计师结合他们面对的项目和设计目的进行精心的思考与创新。与此同时，它能够体现互动中的空间感受，通过以上不同输入方式，利用图像和视觉元素在比例方面的变化，营造出与手部活动（如鼠标位置移动、滚轮的前后翻动等）相结合的空间感。最后，

①② [美]麦克唐纳：《什么是网页设计？》，北京，中国青年出版社，2006。

从功能上讲，它也提供了详细查看特定产品的整体与细节的可能。我们在很多网页上都可以看到它的应用，例如，在汽车与工业产品方面，它能够全方位地展现它们。宏观与局部变换方式的优点在于：第一，营造使用过程中的空间纵深感。第二，能够兼顾整体与局部的内容呈现。其缺点是不利于直接查找，很多时候需要补充更加简明的查找方式。

2. 平面拓展式

同一平面内的内容与空间的广度有限，我们现在使用的电脑和其他电子传播媒介依然以有限的平面空间为主。iPhone 和 iPad 等电子产品在平面内容之间的切换相当流畅，只需要经过手指轻微的拨动就可以轻松地完成切换，所以它们的使用效率也非常高。拓展平面的空间不但能够更好地展现更多的内容，还可以让用户体验到更开阔的视觉，让人心旷神怡。平面拓展式的互动形式主要依托影视技巧中的“移”，在影视片中我们经常看到这类镜头的出现，它的移动主要用于交代当前镜头中没有摄入的内容，很多时候也用于交代角色的出场环境以及暗示将要发生的事情。相对于宏观与局部的变换式，平面拓展式更加注重横向和纵向的平面空间表现以及同一平面上的具体内容的呈现。结合相关的互动输入方式和图形设计，怎样产生很好的操控感觉，这取决于设计师如何针对具体的项目结合图像、视频运用互动方式进行巧妙的设计。平面拓展式的优点在于：能够拓宽二维平面的视野，便于呈现更多的内容；产生视觉上的开阔感；使用效率高，操作与查阅便捷；单一方向的平面拓展式能够产生强烈而明确的阅读指向性。

3. 综合拓展式

综合拓展式是宏观与局部变换式和平面拓展式的结合，它采用了视觉上的纵深变化和平面方向上的移动方式。它将摄像技术“推、拉、摇、移”中的推、拉和移都整合在一起，使视觉变化相对丰富一些。该互动方式的明显优点在于为使用者带来丰富的活动体验，这种形式的输入方式和输出方式也多样化。它的缺点在于操作方式相对复杂和多样，容易造成信息传递缺乏效率，使用不当将让用户难以直接查阅想要的内容。该方式不适合信息内容比较多的网站。

4. 游戏互动式

网络游戏是当今科技发展的一大产物，它从过去的实物游戏（如棋牌、球类游戏）过渡到虚拟化的游戏。当今的网络游戏已经发展到一个比较普及的阶段，用户群体庞大，个别知名的游戏已经达到了人人皆知的程度，如“偷菜游戏”和“愤怒的小鸟”等。这些游戏的目的在于给人们提供娱乐，尽管这样，它们作为流行的活动所带来的传播效益也非常广。游戏也可以作为一种广告形式，只要很好地利用游戏的知名度以及合理的创意，广告将比较容易接近目标群体。同时，游戏的这种“玩乐”形式非常容易吸引消费者，有的时候比直接的广告更容易让人们“放下对广告的戒心”。同样的，对于个别网页内容方面的宣传，游戏形式也是非常有效的，它可以将核心的理念隐藏在这种“玩耍”之中，既能够达到广告的宣传目的，又容易让人接受。游戏互动式就是利用了游戏的造型特点，包括它里面比较复杂的互动技术、输入方式以及输出方式。设计者在运用这种形式进行网页设计的同时，必须做到“点到即止”，因为毕竟网页设计不是完全以提供娱乐为目的的（个别专业网页游戏例外）。

5. 视频互动式

视频是电脑平台上的一种影像传播方式，它可以是电影电视的片段，也可以是个人纪录片，近几年还出现了一些经过网友们自己加工和编辑的“恶搞”短片。原来的影视片属于一种线性的观看模式，即观众只能够被动地观看，无法与它们进行互动。随着现代的新媒体技术的发展，观众已经可以跨越这种界限。现在在一些新的实验性的艺术作品中，视频故事可以产生多样化的分支，即当故事发展到一定的阶段，故事之后的发展方向可以有多个选择给观众挑选，这样的形式可以称作为“非线性”。这种非线性的交流方式往往与互动相关联。视频形式具有不可替代的视觉真实感，因为它能够让人们的眼睛看到真实的情景。各种互动形式与它的结合可以产生一种让人可以触摸的真实感。然而，该互动形式的缺点在于，视频文件占据的空间与流量比较大，对网速的要求比较高。

6. 联想具象化形式

联想具象化形式是一种对主题进行关联的想象，将主题具象化的表现形式。例如，当我们讨论工作这个主题的时候，在人们的脑海里面会浮现很多相关的具体形象，如笔、电脑、办公椅等办公用品，也有可能是人们探讨工作的情景等。这些相关主题的联想事物往往能够将很多抽象的主题形象化和具体化。这种互动形式的设计是根据具体的事物来确定使用的，它能够非常好地拉近用户和设计者的距离，使用户从使用中获得亲切感。与此同时，当它以具象的实物形象存在的时候，能够激发“好奇感”和增加用户主动探索的兴趣，例如，如果在日常生活中我们眼前突然出现了一个独特的箱子，我们很自然地会去猜测里面到底装了什么东西、这个箱子的结构如何等等。所以该互动的形式能够让用户主动地去探索，并营造一种“好玩”的感觉。在这种形式的互动设计中，输入和输出方式往往紧紧地跟随具象化的事物在我们日常生活中出现的形态，所有的点击、鼠标移动和其他的交互方式都据此来进行设计，使人们在视觉上和互动上得到与在真实生活中使用某样物品同样的体验。

三、实验教学设备条件

1. 设备条件

投影仪、电脑、实物投影仪。

2. 实验场地

实训教室。

3. 工具、材料

计算机、手写板等。

四、实验教学设计与要求

1. 实验名称

互动设计。

2. 实验目的

认识与了解互动设计的方式，结合网页的内容进行艺术化和创新的设计。互动是增加使用者体验的最直接的方式，一个网页设计除了在视觉上美观大方以外，还需要良好的互动设计与之进行配合，从而让设计更加统一。另外，互动与视觉设计往往需要互相协调才能够产生整体的魅力。

3. 实验内容

包括以下几个方面：

（1）实验准备

通过网络搜索，收集 15 个左右的网页设计，从互动设计的角度对它们进行合理的分类。

A. 宏观与局部变换式：2 ~ 3 个采用这种方式的设计。

B. 平面拓展式：3 ~ 5 个运用平面拓展式的设计。

C. 综合拓展式：3 ~ 5 个采用综合拓展式的设计。

D. 游戏互动式：收集 2 ~ 3 个游戏互动式的设计。

E. 视频互动式：收集 2 ~ 3 个视频互动式的设计。

F. 联想具象化式：根据自己的理解，查找合适的案例 2 ~ 3 个。

（2）实验过程

A. 宏观与局部变换式：理解这种方式的设计特点，根据自己收集来的相应网页设计，通过认真的分析，解读它们是如何运用这种互动设计形式的。尝试使用该种互动形式进行设计（使用 Dreamweaver 和 Flash 工具）。

B. 平面拓展式：认真地分析自己收集得来的平面拓展式设计是如何运用该形式的，并自己尝试运用这种形式进行设计（使用 Dreamweaver 和 Flash 工具）。

C. 综合拓展式：分析与理解这种互动设

计方式，掌握综合拓展式的设计形式，借鉴自己收集来的相关网页，尝试该种互动形式的网页设计（使用 Dreamweaver 和 Flash 工具）。

D. 游戏互动式：理解游戏互动式的特点，结合自己对游戏互动式的理解与收集来的资料，尝试使用该形式进行艺术设计（使用 Dreamweaver 和 Flash 工具）。

E. 视频互动式：掌握视频在网页设计中的作用，分析与借鉴收集来的相关网页设计，并尝试自己设计一个该种方式的网页（使用 Dreamweaver 和 Flash 工具）。

F. 联想具象化形式：理解联想具象化形式，通过分析与借鉴，自己尝试完成一个这样的设计（使用 Dreamweaver 和 Flash 工具）。

4. 实验要求

第一，对互动功能的使用便捷简明。

第二，视觉风格、色彩与互动能够很好地结合。

第三，整体协调性强。

第四，制作精致、规范。

第五，尺寸在 800×600 或 1024×768 大小。

5. 组织形式

第一，该实验以个人为单位，以 4 ～ 5 人为一组相互听取意见，但最终的表现效果要求每人独立完成。

第二，最后一节课上要求每组评出最佳作品，由一位同学上台讲解。

6. 实验课时

8 课时 + 课余时间。

7. 质量标准

第一，宏观与局部变换式：了解它的作用和优点是什么，它适合什么样的呈现方式，应该怎么样结合内容和视觉设计才能产生更好的效果。

第二，平面拓展式：了解它的使用形式有什么优点，它与内容如何结合才能够产生更好的视觉效果与用户体验。

第三，综合拓展式：了解它适合什么样的网页内容。只有合理地选择相应的设计内容才能够将它的作用发挥出来。同时，视觉设计的艺术效果也是需要考虑的问题。

第四，游戏互动式：设计游戏的形式需要对当今的游戏有所了解与认识，特别是现在比较著名的游戏，认真分析与解读这些游戏。在采用这种方式时，需要选择相关的内容，只有将形式与内容结合起来才能够产生强烈的艺术感染力。

第五，视频互动式：了解视频互动式的作用是什么，把握好它的“真实感”才能够更好地结合内容进行设计。

第六，联想具象化形式：联想具象化有利于互动设计思维的拓展，当遇到具体内容的时候，能不能大胆地发挥想象力并结合实际进行设计是最重要的问题。

五、实验教学案例分析

1. 宏观与局部变换式——铁皮人网页设计[1]

（1）背景资料

《铁皮人》（Tin Man）是一部根据经典童话《绿野仙踪》改编的电视剧，它讲述的是一个小城里名叫 DG 的女服务员被带到了叫做 O.Z. 的魔法地带，她与伙伴铁皮人、稻草人、狮子在该魔法世界冒险并寻找她失去的记忆和她真正的父母的故事。

铁皮人的网页设计就是根据以上这部小说创作的（见图 8—1）。铁皮人的网站设计是由九位国际视觉艺术家合作而成的，这九

图8—1　铁皮人网页设计

① 参见http://www.syfy.com/tinman/oz/。

位来自不同国家的视觉艺术家都从事视觉创造和科幻插图工作，他们通过国际艺术家合作网站联系，创建了这个科幻网站，其目的除了创造网络视觉艺术以外，同时对其个人艺术创作进行推广。该网页的主题围绕著名的科幻小说《铁皮人》，他们每个人都创造了一个科幻场景，在这个网站上，这些情景被不断地切换展示，而且它们之间的转换几乎是没有痕迹的一种循环，观众被带到了一个迷幻与精彩的世界中。该网站需要展示的文字信息内容非常少，主要以展现这些图片为主，所以在创意方面受到的文字制约比较少。

（2）操作方法

这个科幻网站为了能够达到扑朔迷离的效果，在网页设计上运用了宏观与局部变换式的切换方式，当观众进入该页面之后，神奇的视觉之旅开始了，极具空间感与科幻色彩的电脑插画不断地展现着神奇的世界。每个场景结束之前，都会有一个局部的“小洞”出现，这个小洞是通往另外一个神奇的世界或者说是另外一个插画切换的开始，它们之间的交互出现可以说是“无缝”的，观众几乎看不到任何衔接方面的痕迹。这种衔接上的循环方式，是近几年流行的一种艺术创作方式，它揭示着事物的艺术创意方面的内在因果逻辑，往往给人以不可思议的感受。互动的方式在这里应用得非常单纯，不断的放大或缩小以及停顿等方式成为观众能够控制的方式。就是这种简单而有效的互动方式让观众能够很好地欣赏这九位艺术家的精彩的科幻插图。除了整体的科幻旅途以外，我们还可以非常详细地参观每一个世界的精彩局部，让宏观的科幻感受和局部的精彩细节非常平衡地展现出来。无缝式的循环方式还表现出了这个无穷创意空间的神秘感。

（3）操作步骤

A. 确立铁皮人这个神奇的科幻主题。

B. 利用宏观与局部变换方式的交互式设计，营造一个无限循环的迷幻世界，让用户既感受到整体上的神秘感，又能够十分清晰地看到每张科幻插图的具体细节。

（4）操作手段

该网页的设计非常到位，它既营造了铁皮人这样一个神秘的空间，又很好地展现了这九位艺术家各自的才华。

2. 宏观与局部变换式——kasulo. 网页设计

（1）背景资料

kasulo. 网站是一个个人作品展示网站，该网站主要是呈现艺术家里卡多在 2005 年到 2010 年期间设计的作品（见图 8—2）。里卡多是一个巴西籍的设计师，自 2001 年开始，他专门从事网页和印刷设计。他对摄影和图像的兴趣也非常强烈，曾经试图将他对摄影的理解带到他的其他作品中去。里卡多在 Faculdade Da Cidade 学习了 5 年平面艺术，2003 年开始与专业的机构合作进行品牌设计，例如可口可乐、Club Med 等品牌的设计他都参与过。[1]

作为一个优秀的设计师，里卡多需要一个比较特别的展现自己作品的网站。对于他来说，2005 年到 2010 年的每一个作品都具有历史意义，并且是其设计道路上里程碑式

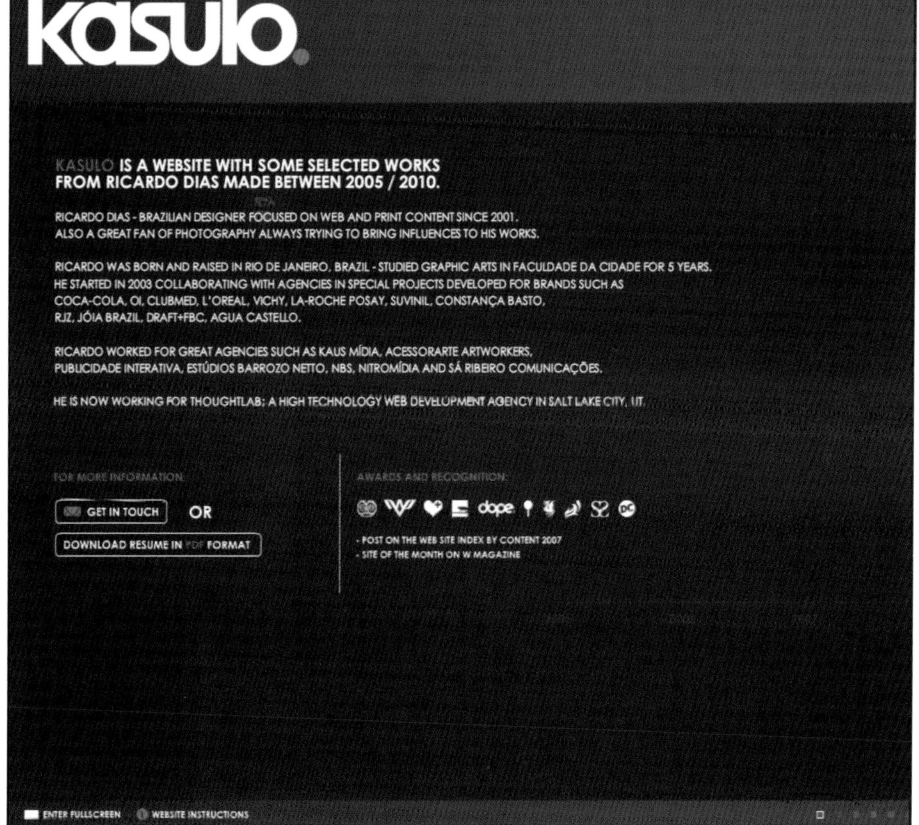

图8—2　kasulo.网页设计

① 参见http://www.kasulo.ws/。

的记忆。所以，他在设计 kasulo. 这个网站时，除了在基本的视觉形象上要求美观以外，还在互动的设计方面要求能够体现时间，并非常清晰具体地呈现作品。

(2) 操作方法

该网页的设计整体上看来有点像时光隧道。页面将大部分图像都很好地进行了空间深度上的排序。值得一提的是该网页主要的互动输入方式是鼠标上的滚轮，利用滚轮，用户可以自由地操控这个时光隧道。结合可选的点击方式，我们能够轻松地打开里卡多的个别作品，并进行详细的查阅。它利用了宏观与局部变换式的交互方式，很好地找到了这种具有“纵深”感的视觉体验模式，将作品的展现与时间相结合。除了这种非常有创意的互动方式以外，该网页的下方还添加了一个简明的时间轴，用户通过这个时间轴能够更加便捷地找到想要阅读的不同时期的作品。可以看到，该网页的设计师非常好地兼顾了设计的艺术效果和设计的功能与效率。

(3) 操作步骤

A. 首先明确里卡多的作品与时间是网页设计的主要要素。

B. 利用宏观与局部变换式的交互方式，将时间要素和作品很好地通过“时光隧道”的方式关联起来，在保证了作品方便地被查阅的同时，营造了时间上的“纵深”感。

(4) 操作手段

该网页的设计能够体现“作品”与“时间”这两个要素，很好地通过一种视觉上的时光隧道模式，将它们结合起来。用户通过独特的滚轮方式操作页面，能够得到“推移”的用户体验。

3. 平面拓展式——33 Bedford row 网页设计

(1) 背景资料

33 Bedford row 是英国当地的一家律师事务所的网站（见图 8—3)，它主要提供律师诉讼、初级律师实践、法律讲座等服务。该律师事务所的行业性质决定了它在视觉形象方面需要展示严肃与务实、有条理而又便于查阅等特点。

(2) 操作方法

设计师根据该法律机构的特点，将很多细节信息都安排到了次级页面上面，主页面的视觉设计以朴实的环境照片为主。照片的好处在于能够真实客观地反映事物，这也是该律师事务所的特征。页面采用了平面拓展式的互动方式，非常简练地将所有的内容归纳到九个不同栏目内，栏目之间的切换是通过页面右上方的九个导航按钮实现的，每次进行切换的时候，页面就好像一部正在拍摄的摄像机那样，将镜头移动到另外一个内容栏目。这种互动方式与照片为主的设计方式非常吻合，它们的结合能够让用户在平面这一有限的空间内产生“拓宽视野”的感受，这也非常能够体现律师们那种知识宽广的专业素质。与此同时，该网页在信息查阅方面非常简便，九个便于使用的栏目以及快速的

图8—3　33 Bedford row网页设计（作者：Web Creation UK）

查阅方式，让人们能够直观与快速地查找到想要的信息。

（3）操作步骤

A. 分析该律师事务所的特点，确定其网站应具有客观、严肃、便于查找的特点。

B. 结合适当的照片和平面拓展式的互动方式，完成一个简洁而又端庄大方，并非常便于查阅的网站设计。

（4）操作手段

该网页无论是视觉语言还是互动方式的使用，都体现出了项目的特点。良好的视觉形象能够很好地反映该事务所的特点，便捷的平面拓展式互动形式让使用与查阅变得相当便利。

4. 平面拓展式——1minus1网页设计

（1）背景资料

1minus1 公司从事所有的数码媒体设计工作，主要业务是创作网站、网页应用软件、手机软件、台式机软件，设计动画、数码插画等。1minus1 从 2004 年开始就为世界上大大小小的企业提供过很多解决方案。[①]

① 参见http://1minus1.com。

1minus1 的业务以数码领域为主，它在该领域内有将近 8 年的专业经验，为世界各种企业提供优质的服务，这些服务包括各种数码媒体设计以及网络的品牌策略和研究等。我们从该公司鲜明的名字“1minus1”——1 减 1 中可以看出它推崇那种与客户合作的亲密无间的工作态度与精神，该公司网页见图 8—4。

（2）操作方法

1minus1 的设计师运用平面拓展式的互动形式，采用了指向性更加明确的单一导向方式，具体体现在其浏览的方向被局限于“向下”或“下拉”形式。1minus1 网站的设计并没有使用过多的华丽效果，非常直接地采用了我们熟悉的页面浏览方式——滑动栏的导航方式，这种简单的页面设计方式的优点在于：对用户的电脑和浏览器的要求比较低，甚至不需要安装 Flash 等插件（尽管网络终端机器在这个时代已经非常强大，然而部分的局域网管制依然会带来一定局限性，例如校园网、企业内网等）。尽管采用了比较简单的网页游览方式，1minus1 在其网页的图形和版式上却花了一番心思，它利用图示的引导性和指向功能，对用户进行一种持续向下式的阅读引导。我们通过使用可以看到，主页上面的两个罐子流出的水不断地

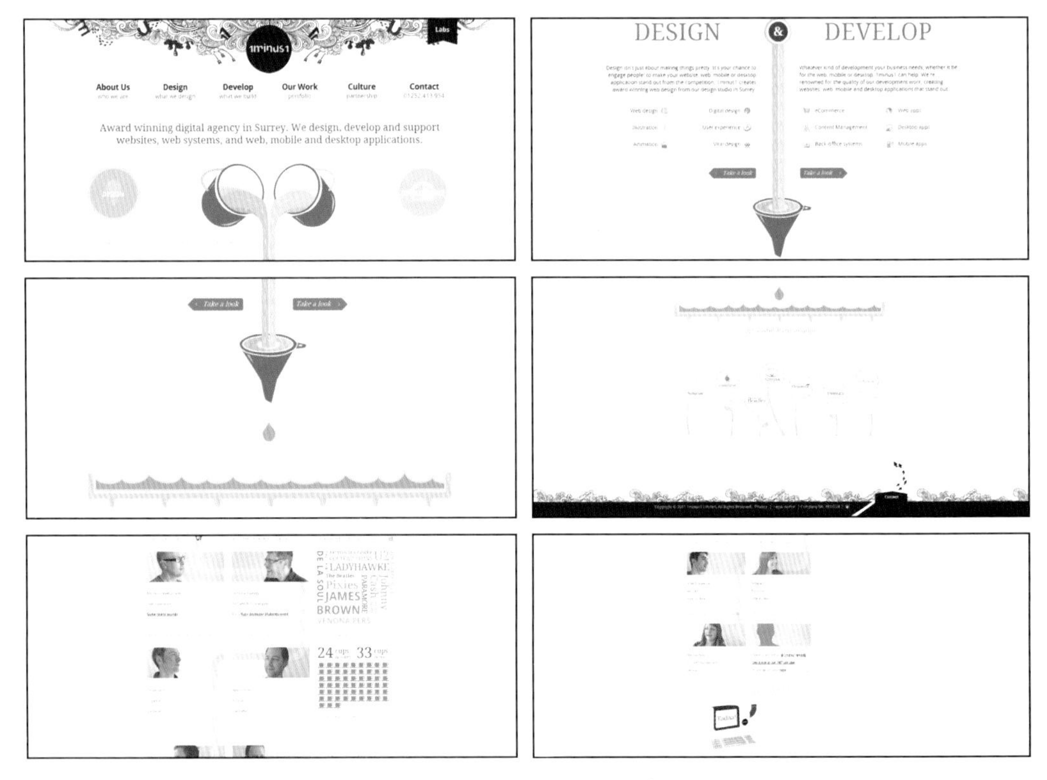

图8—4 1minus1网页设计

向下流动，顺着它看下去会发现静止的水柱变成流动的水滴动画，再往下看则是各个与1minus1合作过的企业标志。设计师通过这种汇聚的水柱象征了该企业那种与客户没有距离的合作精神。与此同时，这种设计很好地体现了“动”与“静”的对比，并很好地结合了下拉式的互动功能。页面的图形设计非常好地体现了这种指向性的特点，其他的页面也保持了这种设计的方式。

（3）操作步骤

A. 明确1minus1公司的业务范围以及它的企业精神。

B. 结合定向的平面拓展方式和具有指向性的图形，将该公司的内涵与内容展现出来。

（4）操作手段

该网页设计的成功之处在于将精致的指向性图形与简练的互动形式相结合。在体现1minus1的企业精神的同时，也能够体现出互动形式的创意，从单向的运动中去表现互动中的“美感”体验。

5. 综合拓展式——Road map to harmony 网页设计

（1）背景资料

Road map to harmony 是丰田汽车为了推广环保概念和健康概念而设计的网站，同时该网站也是丰田汽车推动汽车销售的策略之一，网页设计见图8—5。该汽车品牌近年来一直希望通过宣传节能环保等主题推广自身的品牌，提高汽车销量。Road map to harmony 的中文意思是“和谐之路”，它在该项目中是指人的生活与自然应该是一个和谐的整体。

（2）操作方法

该网页的整体设计将很多以节能与健康为主题的内容，包括视频、文字等形式的健康节能生活方式通过地图的形式展示出来，它上面的每一个站点或图标都代表了一项相关内容，用户可以通过直接点击来打开它们，同时，页面也会随着用户的这种输入性的交互式活动自动地将页面聚焦到具体的内容所处的地图位置上。Road map to harmony 的网页设计师根据这种简洁的地图形式，结合了综合拓展式的交互式方式。这种交互式的体验非常流畅，并带有几分“炫”的感觉。相对平面化和简单化的图形与这种丰富的交互式体验相结合，体现出一种“平淡中的精彩”。

（3）操作步骤

A. 明确环保与健康主题以及丰田汽车做网站设计的主要目的与内容，确定使用“和谐之路”的地图式网页结构与表现方式。

B. 根据这种简洁的图形形式，结合相对丰富的用户体验形式——综合拓展式，营造出“平淡中的精彩”的艺术效果。

（4）操作手段

该网页的设计行之有效，它很好地结合了内容和主题的需要，创作出“和谐之路”的视觉形象，很好地将健康、环保和汽车三大要素归纳到一起，并通过丰富的用户体验形式增加了网页的互动性。

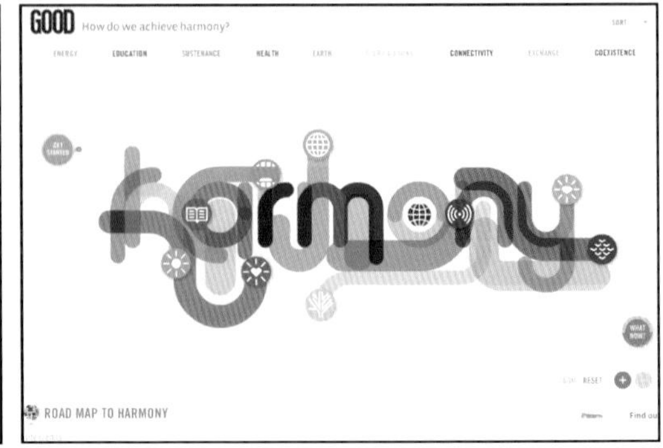

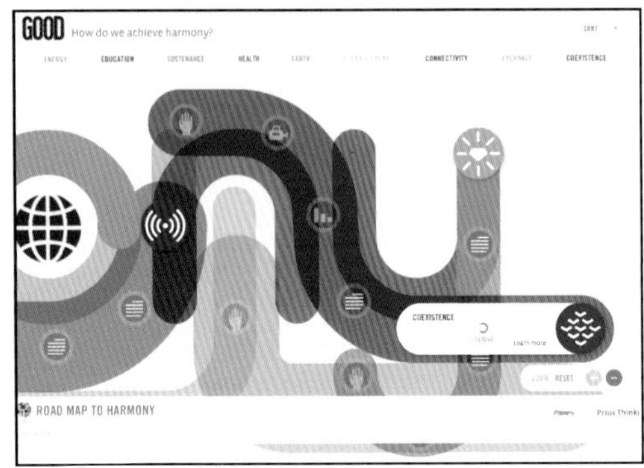

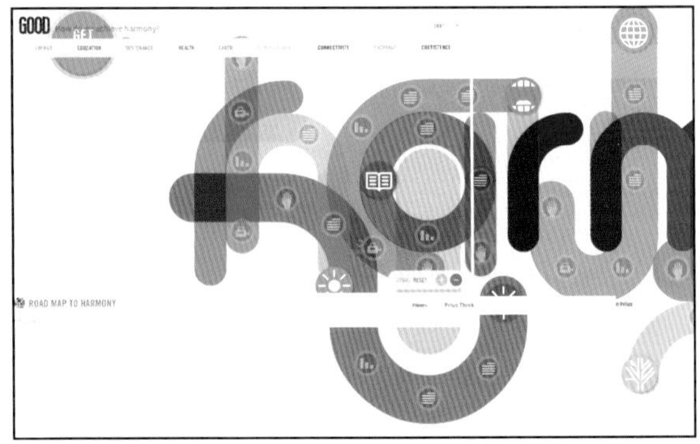

图8—5 Road map to harmony网页设计

6. 游戏互动式——Unit9 网页设计

(1) 背景资料

Unit9 网页乍看上去有点像一个游戏网站，其实它是著名的冰激凌企业哈根达斯的一个推广网站（见图 8—6）。哈根达斯为了建立一种健康食品的理念，宣传其产品的原材料都是天然的，天然蜜糖是它的主要材料，所以该企业资助了一个由大学负责的蜜蜂研究计划，该计划主要是针对蜜蜂的生活习惯和繁殖方式的研究。与此同时，哈根达斯也

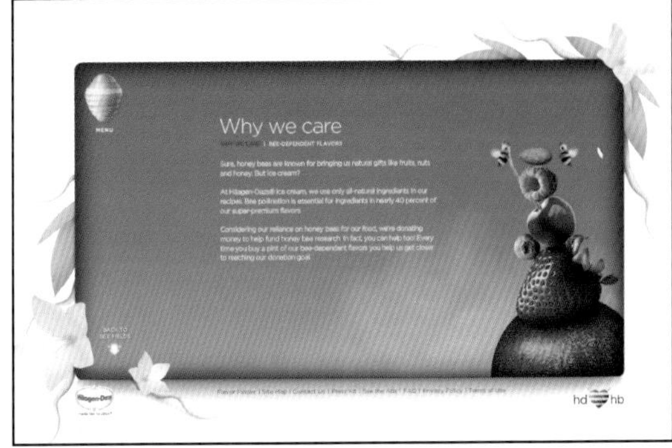

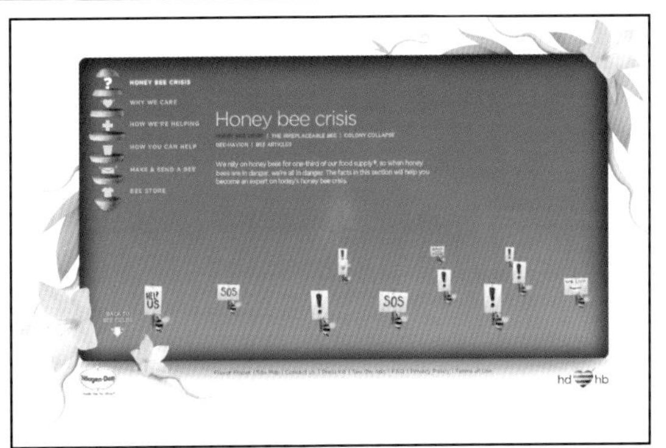

图8—6 Unit9 网页设计

没有停下商业步伐，它借用这个研究活动向消费者推广其核心理念，对其产品进行隐性宣传。

以下是哈根达斯的宣传语：“众所周知，蜜蜂给我们带来了自然的礼物，如水果、坚果和蜜糖等，或者还有冰激凌？在哈根达斯的冰激凌中，我们只使用全天然成分。蜜蜂粉占我们调味品成分的 40%。考虑到我们的食物对蜂蜜的依赖，我们正在为蜜蜂捐款。事实上，你们也可以提供帮助！每次你购买我们的产品都会对这个援救有所帮助。”[①]

（2）操作方法

Unit9 是哈根达斯为推广天然食品理念以及蜜蜂研究项目所建成的网站。这是一个

① http://www.unit9.com/helpthehoneybees

以认识蜜蜂和了解它们的生活为目的的游戏体验网站，运用了大量的互动方式，包括移动、点击以及跟踪等输入方式。用户可以自己领养一只小蜜蜂，并帮助蜜蜂完成任务。这种体验形式能够非常深刻地让用户了解这种昆虫的生活方式，也有助于他们知道如何保护它们的生活环境。然而，尽管这个网站以游戏体验为主，但是它并没有像真正的赢利性游戏那样花更大的心思在“可玩性”方面，点到为止地将游戏控制在恰当的范畴里面，力求让用户在“玩”的过程中不会忘记“哈根达斯”这个品牌。哈根达斯通过这个网站，成功地将娱乐、学习和品牌宣传结合在一起。

(3) 操作步骤

A. 确定哈根达斯的宣传理念，将蜜蜂研究计划与之相关联。

B. 运用游戏互动式，将该企业对健康食物的宣传融入“娱乐”中去。

(4) 操作手段

Unit9 网站很好地将广告宣传活动与自然研究项目结合起来，创建了既有娱乐性又能够达到推广目的的游戏网站，很好地利用了游戏互动式。

7. 游戏互动式——GTI 网页设计

(1) 背景资料

GTI 是世界上第一大汽车生产商大众汽车的重点产品。尽管 GTI 汽车在中国国内的知名度不高，但在欧美却是一款非常受欢迎的汽车。GTI 是意大利语 grand turismo injektion(英文为 grand touring) 的缩写，GT 全称为 great touring（伟大的旅程），意指高性能跑车，I 是 injection 的缩写，是指该车是燃料注入式的汽车。大众对 GTI 的定位为中低价位的豪华跑车（GTI 在中国的售价大约在 26 万～ 28 万元之间，而一般的高性能跑车基本都维持在 70 万元以上）。从这里可以看出，尽管它没有华丽的外观，但它处于中低档的价格，并有着一流的跑车性能。该车型的优点在于它的严谨的设计以及一流的驾驶性能。

(2) 操作方法

对于 GTI 这样有着优秀的驾驶性能和严谨的工业设计流程的产品而言，展现它的这些优点是 GTI 网页设计的一个重点（见图 8—7）。该网页的设计运用了更为直观的视频互动式来展现它的这些优点。进入到主页面后，用户可以看到 GTI 的工程实验室，点击上面的实验室大门后可以进入 GTI 的虚拟实验室。在实验室内部放置的是一个模拟的城市街道。该网页的创意在于用户能够通过视频互动的形式进入该车型的模拟实验室桌面，身临其境般地参与实验的整个过程。视频的播放与汽车行驶是由用户控制的。该网页设计师十分巧妙地将实验室的一些开关设计成用户能够与之互动的按钮。在体验模拟驾驶视频的过程中，相关的信息与选项在适当的时候会出现。在这个“体验性能”的视频之

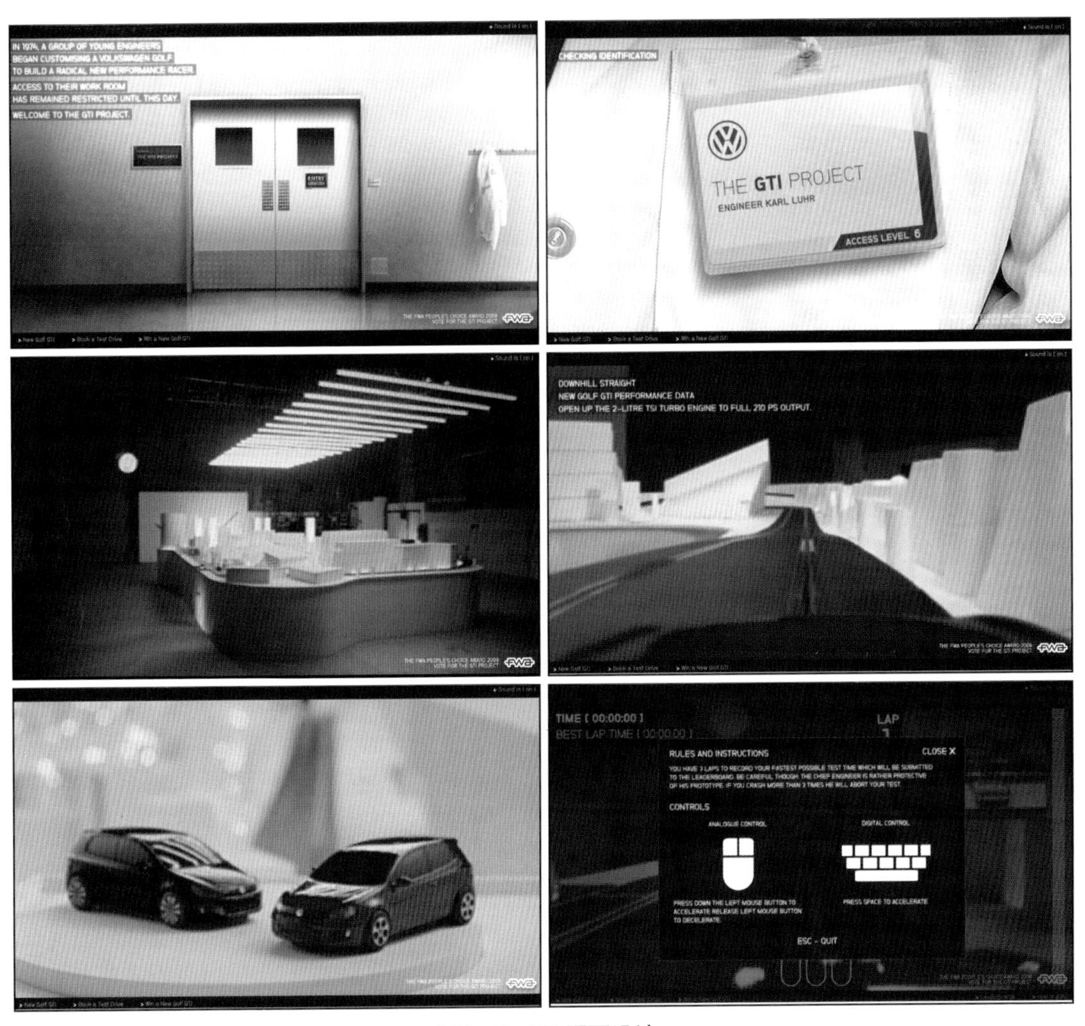

图8—7　GTI网页设计

旅中，GTI 那种严格的工业设计过程和优秀的驾驶性能被很真实地反映出来。在体验之旅结束的时候，GTI 驾驶游戏也被引入其中。考虑到视频的网速问题，该网页设计处理得相当巧妙，为了节省流量和提高读取速度，同时又避免视频的质量下降，它采用了一种点状的视觉处理方式，尽管原始视频的解析度的确下降了，但是这种均匀分布的点状模式并没有产生“粗糙”感，反而很有艺术感。最后，基本界面的设计显得相对简单，菜单的内容也非常少，这种减少正是因为设计师希望将网页重点集中到视频体验中去，所有的重要信息都被安排在这个实验室中的“驾驶之旅”里面。

（3）操作步骤

A. 明确一汽大众的 GTI 汽车的特点：严格的工业设计与超群的驾驶性能。

B. 运用视频互动形式，对它的这些特点进行视觉真实化体验。

（4）操作手段

GTI 网页通过视频互动形式将 GTI 这个车型的特点很直观地反映出来。体验过程非常真实有趣，互动设计巧妙。

8. 联想具象化形式——Ricoh printer 网页设计

（1）背景资料

Ricoh printer 是 Ricoh 品牌的打印机品牌，它主要的销售对象是企业和办公室职员群体。近几年来打印机的市场竞争相当激烈，几乎所有的电脑生产商都拥有自己的打印机产品，在如此激烈的竞争环境下，Ricoh 要想在广告的设计上让潜在的用户群体产生购买兴趣，就必须在广告和创意方面下一番工夫。显然，作为当今重要的信息传播媒介，网络是一个非常有影响力的战场，而令人印象深刻的广告就需要特别的设计。

（2）操作方法

Ricoh printer 的网页设计非常简单，几乎放弃了我们传统的网页页面结构，因为它其实就是为 Ricoh 推广打印机的广告（见图 8—8）。该网页的创意核心是 Get a better worker（找个更好的职员）。设计师通过一个工作申请的资料柜，把所有的申请者的优点与缺点列于上方，而这些优点其实指的都是 Ricoh 打印机的优点，缺点讲的都是一般的申请人或者真正的员工无法完成的工作。根据这个创意，设计师运用了联想具象化的互动设计形式，将“申请工作”这个概念形象化，把打印机比喻成一个职位申请者。该网页运用简单的鼠标点击和鼠标经过作为互动的输入方式，用户通过这些方式可以打开柜子，查阅具体的文件夹。在细节上，为了让用户的体验更加丰富与生动，台面上放置的杯子可以被鼠标经过的动作打翻，非常具有生活味道。另外，在整体视觉上，设计师故意将整体的环境描绘成有点“寒碜”的感觉，这种视觉效果非常能够配合“找个更好的职员”这个概念（正因为没有一个好的职员，所以公司经营得十分失败，办公室也显得十分的破旧）。另外，在具体的个人申请者的资料夹中，设计师设计了很多诙谐的图片，用来突出一般职员的缺点，从而突出 Ricoh 打印机的不可替代性。

（3）操作步骤

A. 明确 Ricoh 打印机的广告宣传要点：打印机是无法替代的。让人印象深刻的广告宣传形式对于推广该品牌的作用非常大。

B. 根据以上两点，确立了“Get a better worker”这个创意核心，并且运用联想具象化的互动设计方式，表现这个创意。

（4）操作手段

该网页设计的创意和操作手段都非常到位，运用了联想具象化的互动设计方式，很好地表现了该打印机推广的需求和核心创意。

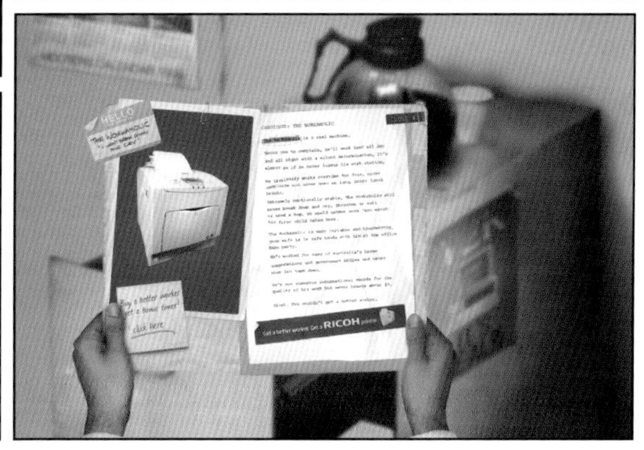

图8—8　Ricoh printer网页设计

六、实验教学问题解答

1. 游戏互动式中的主要游戏形式有哪些？

答：有第一人称设计游戏、冒险 rpg 与故事 rpg 形式、即时战略形式等，现代的游行形式正不断跟随科学技术的发展而变更，需要经常关注。

2. 视频互动式中的视频有什么作用？

视频是一种增加视觉真实感的传播方式，结合互动能够让用户进入虚拟世界，使用户有更真切的效果体验。

3. 在运用联想具象化形式时应该如何拓展自己的创意?

需要结合自己的生活体验，借助“头脑风暴”不断拓展自己的思维，结合设计内容进行联想。

七、作业

1. 作业内容

收集15个与互动设计相关的网站，按实验要求对它们进行分析，并且借鉴每种互动方式独自完成5个不同互动形式的页面设计。互动设计可以使用Flash或其他软件完成，也可以不完成互动制作，但需要对互动的内容加以说明，例如，页面如何切换，图像如何变化，用户怎样操作等。

2. 作业要求

认真理解课堂上所学的理论与知识，掌握以上几种互动形式，对自己收集的网页进行合理的分析与分类。根据这几种互动形式进行设计实践。

宏观与局部变换式：理解这种方式的设计特点，认真地分析与解读自己收集来的相应的网页设计，尝试使用该种互动形式进行设计。(使用Dreamweaver和Flash工具)完成一个主页面的设计或整个网站的所有页面的设计。

平面拓展式：认真地分析自己收集来的平面拓展式设计是如何运用该方法的，并自己尝试运用这种方法进行设计。(使用Dreamweaver和Flash工具)完成一个主页面的设计或整个网站的所有页面的设计。

综合拓展式：分析与理解综合拓展式互动设计方式，掌握其设计方法，借鉴自己收集来的相关网页，尝试进行该种互动形式的网页设计。(使用Dreamweaver和Flash工具)完成一个主页面的设计或整个网站的所有页面的设计。

游戏互动式：理解游戏互动式的特点，结合自己对游戏形式的理解与收集来的资料，尝试使用该方式进行艺术设计。(使用Dreamweaver和Flash工具)完成一个主页面的设计或整个网站的所有页面的设计。

视频互动式：掌握视频在网页设计中的作用，分析与借鉴收集来的相关网页设计，尝试自己设计一个该种方式的网页。(使用Dreamweaver和Flash工具)完成一个主页面的设计或整个网站的所有页面的设计。

联想具象化形式：理解联想具象化形式，通过分析与借鉴，自己尝试完成一个这样的设计，(使用Dreamweaver和Flash工具)完成一个主页面的设计或整个网站的所有页面的设计。

3. 时间要求

课后练习 3 周后提交，作业在设计的过程中在课堂上进行小组讨论，教师给予辅导。

4. 评价标准

分类正确，特点分析到位，具有较强的概括力。能够按这几种方式完成自己的设计，能够将视觉效果与互动形式很好地结合在一起，使用便捷，富有创意。

具体标准如下：

第一，互动的使用功能便捷简明，富有创意。

第二，视觉风格、色彩与互动能够很好地结合。

第三，整体协调性强。

第四，制作精致、规范。

第五，尺寸在 800×600 或 1024×768 大小。

八、学生作业点评

图 8—9 是一个介绍电影故事的网站，使用了视频互动式，作者将部分页面内容与视频相结合，能够让观众有身临其境的感觉。然而，页面设计略显得有点呆板，特别是栏目的排列与选用的字体都不够理想。

图 8—10 是以女性装扮与生活知识为内容的网站，作者将页面设计成现今流行的智能手机的外观形式，把每个栏目都放入手机的滑动图片中，同时在对应的右面出现具体的对应内容。作者花了一定的心思使表现方式比较有效地展现了内容。

图 8—11 是一个以恐怖故事为主题的网页设计，作者以联想的方式将界面的内容与按钮都安排到页面中的“鬼”的图像中去，点击这张鬼脸的不同部位会出现不同的内容，还添加了动画效果。然而，动画效果处理得不够理想，文字与页面的协调性还可以做得更好。

图 8—12 是可口可乐理想家园推广活动的广告，作者选用了宏观与局部切换的形式来反映这个“理想家园”。广告的整体是一个大的可口可乐标志，然后页面自动推进到这个标志的每个角落，和谐生活的方方面面会慢慢地呈现，有一定的趣味性，然而具体的内容与构图有所不足。

图 8—13 的作者使用综合拓展式展示了一个以室内设计为主的网页。该方式比较简洁，页面格调良好。

图 8—14 是一个天气预报的小型网页设计，作者将天气的变化与动漫角色的行为联系到一起。下雨的时候，动漫人物会打伞；出太阳的时候，动漫人物会拿掉自己的伞。该作品有一定创意，但是作品还不够完善。

图 8—15 的作者选择自己的大学生活作为主题，运用联想具象化的形式，将很多大学生活的事情转化为笔、记事本和相机等实物，每个实物都包含相关的内容，页面的整体感强，联想到位。

图8—9　视频互动式的运用（作者：曾姗姗）

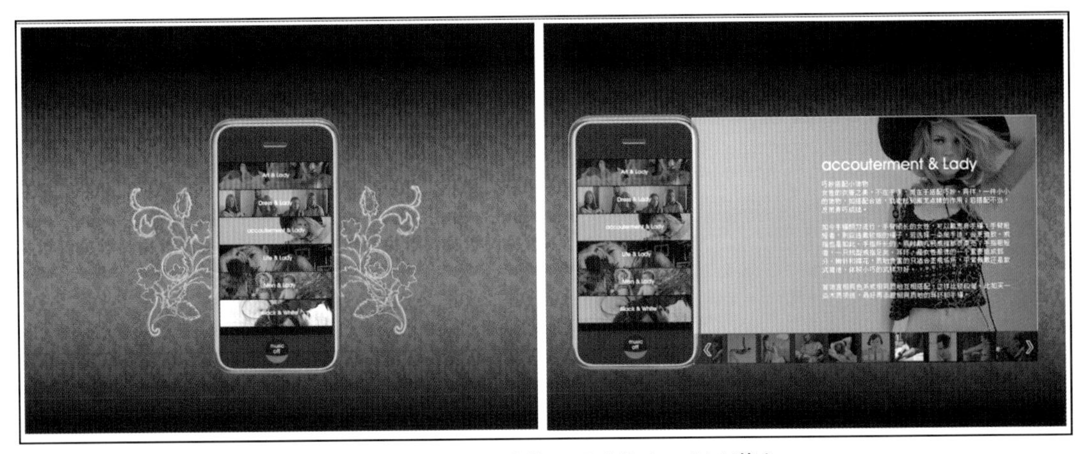

图8-10　平面拓展式的运用（作者：刘小菁）

图8—11　联想具象化形式的运用（作者：麦丽坚）

图8—12　宏观与局部切换式的运用（作者：宋杰、张智）

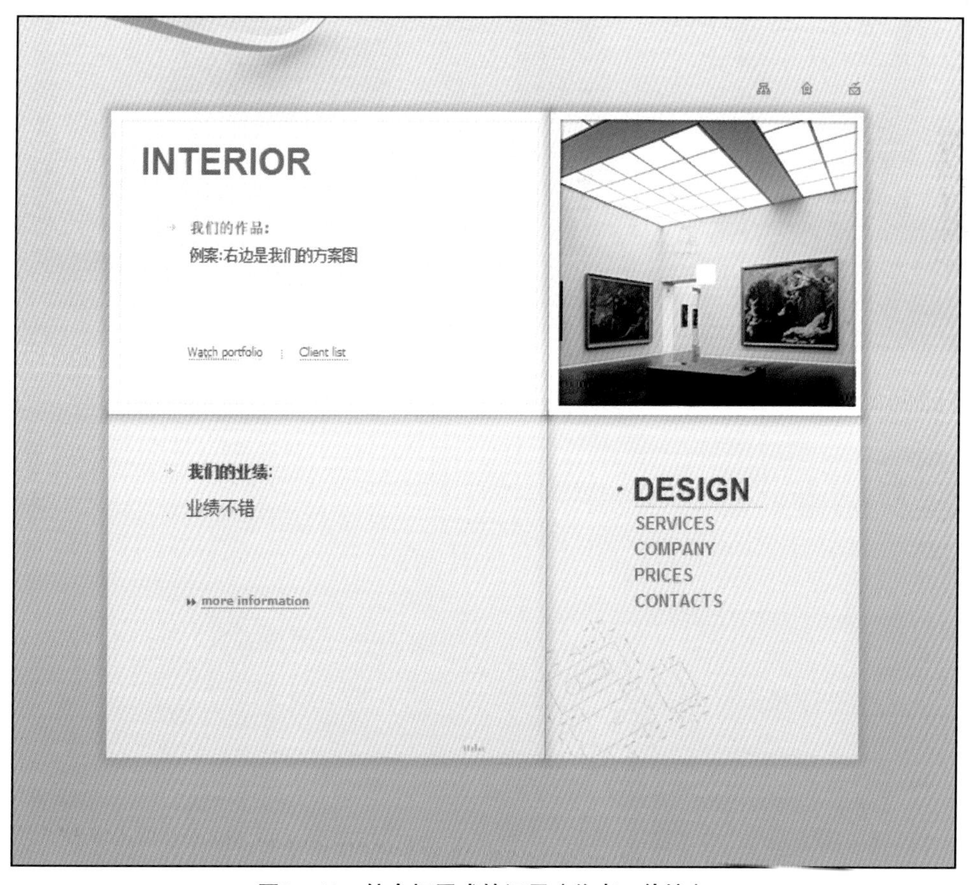

图8—13　综合拓展式的运用（作者：徐培）

图8—14　游戏互动式的运用（作者：张惠发）

图8—15　联想具象化形式的运用（作者：庄礼香）

九、参考资料

参考书

1.[美]比尔·莫格里奇著，许玉铃译．关键设计报告——改变过去影响未来的交互设计法则．北京：中信出版社，2011．重点阅读：第三章 105~162 页，第五章 219~258 页，第七章 205~352 页

2．谭亮编著．Processing 互动编程艺术．北京：电子工业出版社，2011．重点阅读：根据自己的设计的技术与制作需要选看相应章节

3. 容旺乔编著．多媒体互动艺术设计．北京：高等教育出版社，2005. 重点阅读：第九章、第十章、第十一章

4. 邹慧琴，敖蕾，谭开界．互动网页设计与易用度．北京：中国轻工业出版社，2007. 重点阅读：第二章、第三章

5.[美]尼科·麦克唐纳编著，俞佳迪、戴刚、王晴译．什么是网页设计?. 北京：中国青年出版社，2006. 重点阅读：80 页

参考网站

http://www.syfy.com/tinman/oz/

http://www.kasulo.ws/

http://www.33bedfordrow.co.uk/

http://1minus1.com/

http://www.unit9.com/helpthehoneybees/

http://www.gtiproject.com/

http://getabetterworker.resncreative.com/

第六实验阶段

网页多媒体动画规律

第九课 多媒体运动规律

核心提示

1. 理解动画的基本原理。

2. 掌握基本的运动规律，并且能够通过软件实现与表现动画运动的规律。

一、实验教学内容

1. 逐帧动画原理
2. 弹性表现
3. 速度
4. 变形
5. 路径与轨迹
6. 遮罩动画
7. 光感表现

二、实验教学的理论知识

人们常常能够接触电视动画和电影动画，想象力和生动性是它们的一大特性。在多媒体的网页设计中，动画除了包含故事情节以外，还可以纯粹作为装饰，它原有的这些优点都可以借用过来，换句话说就是让页面动起来。另外，动画作为多媒体网页中的一种媒介也能与图形和音乐等其他要素很好地结合起来。不仅如此，动画能够让互动功能增添几分华丽的效果。因此，更加详细地认识与掌握动画的规律有助于丰富我们的设计手段。

Flash 作为一种常用的多媒体软件，融合了图形、图像、互动与动画，我们在这个章节中的实验与制作将以 Flash 作为主要的工具。

1. 逐帧动画原理

逐帧动画起源于纸面动画，就是将预先画好的连续的图像经过拍摄并剪辑，最后通过电视或电影播放出来。显然，它是由一张一张的手绘画所构成的。它就好像以前翻页的小人书一样，只要快速地翻动，卡通人物就可以动起来。相对于现代的电脑动画技术，它解决问题的能力比较强，可以解决角色和场景在平面上旋转等复杂的表现。如果你的绘画能力强，那么通过这种办法应该可以解决大部分的动画问题。

2. 弹性表现

如果我们认真观察迪士尼动画，就会发现它的动画角色的动作看起来十分生动活泼，例如《唐老鸭》、《猫与老鼠》等。迪士尼动画除了十分注意动作的时间节奏以外，还对一点十分重视，那就是弹性表现方法。有了它，动画就能够更加生动有趣。

那么弹性主要指的是什么？又如何表现？首先，我们对比一个铁球和一个皮球从空中着地的情况，我们会看到铁球着地瞬间球体的形状基本没有变化，这是由它的质量和硬度所决定的。而皮球从空中落下的时候，情况就正好相反，它会在着地瞬间被压扁，然后，经过反弹后在空中弹起并还原形状。相对来说，皮球的弹性比铁球大很多。所有弹性较好的材质都会产生弹性的变形。迪士尼动画就是将这种“皮球的弹性”应用到角色的动作上。在处理特殊的中间帧的时候，使用弹性表现会增加动作的趣味性。

如何表现弹性？弹性的表现方式往往需要结合夸张的手法，运动中的形体在受到压力或者蓄势的关键帧上的表现可以适当夸张，另外，对于这种弹性的表现也需要时间节奏的配合。举例说明，我们可以把球从空中落下后反弹的这段动画中的球想象成弹簧，当弹簧落地后，因为瞬间受到比较大的压力，会被压得很扁，然后经过蓄势后弹起，弹起在空中的时候，弹簧反弹的力度促使它的外形向相反的方向拉长。如果我们按这样的方法表现，皮球的弹性感就可以被夸张地表现出来。与此同时，要注意时间上的变化：弹簧着地的这段时间属于蓄势的动作，所以时间相对慢点，而当它真正弹起的时候，弹簧的速度就会变得很快。只有把握好时间与形状的弹性变化，才能让动画生动起来。

弹性表现适合体现欢快的、动感的和活跃的主题，而写实的和忧伤的题材就不太适合这类表现方式。另外，弹性表现除了可以应用在角色的动作上外，还可以应用到抽象的几何形运动中，富有动感的弹性表现应用与几何形运动也可以赋予物体一定的个性。

3. 速度

动画在表现运动时，首先考虑速度问题，很好地掌握被描绘的对象的运动速度将有助于让动画生动化，因此我们首先从研究速度的变化开始学习基本的动画。速度 = 距离 / 时间。一般说来，同一时间内，物体运动的距离越大，时间越长，速度就越慢。对于速度的表现，这里将采用 Flash 运动补间动画作为案例来讲解。运动补间动画是 Flash 动画软件中最常用的动画运算方式，它能够通过电脑对位置和时间上的计算轻松地完成平面图形在平面空间中的运动与旋转，然而，它的缺点在于它不能像逐帧动画那样处理具有空间深度的旋转。

在动画片中表现物体的规律时，首先要掌握时间、距离、张数（帧数）及速度的概念及关系。

第一，时间：指的是在动画片中物体完成某一动作时所需的时间长度。时间长的动作速度慢；反之，时间短的动作就显得快。

第二，距离：指的是动作的幅度，即一个动作从开始到终止之间的距离。完成这个动作所需要的距离长，那么这个动作速度就慢；反之，动作速度就快。

第三，张数（帧数）：指的是动画画面数量，也就是一张原画到另一张原画之间动画的数量。动画张数多，动作越慢、越柔和；动画张数少，动作就越快、越激烈。

4. 变形

我们在看电影和动画片的时候，经常会看到很多变形的处理，比较明显的例子是《大闹天宫》，片中的孙悟空因为懂得72变，所以经常把自己变成各种动物，而这些变形的处理方法基本上是利用逐帧动画技术来实现的。也就是说，传统的动画技巧能够处理那些造型比较复杂的变形。然而，对于多媒体来说，有的时候使用的造型并不需要这么复杂，或者就是简单的几何形体组合，这时，Flash 提供了形状补间动画，能够自动地完成这些任务。下面我们将实验这两种方法。

其一，逐帧变形技法的原理：和一般的动画基本原理一致，基本上是用1秒24格或1秒12格的帧频方式完成。我们看到的电影是1秒钟播出24张画面，而人的眼睛在这么短时间内是无法很精确地看清每一张画面上的所有东西的，所以，利用这种视觉特点对24张画的形状进行合理的逐渐的形状变化处理，就可以实现流畅变形效果。

比较复杂的形态变形需要人手一张一张或一帧一帧地处理，具体的办法是将外形和内形分开来画，并且核对前后帧的造型变化，然后通过播放的方式测试是否顺畅。

其二，比较简单的几何形体组合可以利用 Flash 的形状补间动画来完成。形状补间动画是由 Flash 经过矢量运算得出的，它主要是根据形状的外轮廓的变化运算的。在使用时，必须使用“形状”作为基本的动画单位。在这里“元件”将不适用，而且也达不到形状补间动画的要求。同时，在使用该方式制作动画的时候，一定要注意造型的简练性，如果轮廓线是由复杂的曲线组成的，那么将可能产生我们无法控制的动画效果。

5. 路径与轨迹

路径其实就是事物的运动轨迹。如果我们认真观察，就会发现昆虫、飞机和汽车等都依据一定的路线来运动。传统的动画技术在处理昆虫等生物的时候总是先在草图上画出它们的飞行路线，然后根据这个路线画出它们的飞行动画。这种类型的动画被称为路径动画，在 Flash 里面就可以直接地把路径画出来，并让物体依据这个路径来运动。

6. 遮罩动画

遮罩是多媒体动画中一种常用的特殊效果，它的作用是产生一些新颖的视觉效果。它的技术使用比较简单，但是设计师们结合自己的独特观察和表现后，可以产生很多新颖的效果，也给我们实现创意提供了更多的可能性。

7. 光感表现

我们经常会遇到光表现的问题，例如，发光的文字、闪亮的质感和一些照射的视觉效果等。通过光感表现手法，我们能够比较完善地表现这些光感，很好地增加被表现对象的质感，创造出精彩的光效果。精致的视觉效果有利于使网页一下子抓住用户的视线，让他们愿意在网页上多停留一会儿，实现吸引用户的目的。

第一，强烈的发光效果：强烈的发光效果一般依赖于画面的强烈对比度。举一个例子，同样的手电筒，在日间打开时我们基本感觉不到它的光线和光感，然而，在晚上打开的时候我们就非常明显地看到它的光亮了。也就是说在表现光感的同时，需要利用一个颜色比较重或者比较深的背景作为对比的依托。

光线所形成的形状与光源本身的形状有关——除了太阳这样的光源，它的光经过天空的漫反射后，在其他地方难以看出形状。其他灯光的形状却可以在晚上清晰地看到。

第二，金属物体的反光表现：我们有的时候需要表现汽车的光亮感觉和反光质感强的物体（例如子弹、特殊玻璃等）。这些东西都属于金属的反光材质，它们具有很强的反射能力。

金属物体的反光表现主要依赖于其自身的平滑表面，通过光的反射造成对周围图像的一种反射效果。在表现金属物体的表面光源的时候，我们经常需要借助于其周围景物的视觉图片来加以表现。当然，这些景象都不是一成不变地呈现在它上面的，而是根据该反射物体的表面形体呈现出相应的变形效果。可以联想一下镜子和哈哈镜的两种不同反射，镜子是平坦的，所以它能够直接反映出一样的景象，而哈哈镜是曲面的，所以它就会将扭曲的景象反映出来，金属反光物体也是这样反射光线的。

第三，在动画中表现光感的技巧——使用遮罩技术：在传统的动画表现光感的时候，主要依靠动画师根据自己的经验一张一张地表现，这对于绘画的要求是比较高的。迪士尼的动画师分工也很细致，有专门画鱼的，有专门画水的，还有专门画光感的，等等。他们的工作量大得惊人。然而，我们在这里可以利用现代的电脑技术替代一下。Flash 提供了我们前面所讲过的遮罩功能，它的一个用途就是可以作为表现光感的工具。

三、实验教学设备条件

1. 软件

Photoshop、Flash 软件。

2. 硬件

电脑、手绘板、投影仪。

四、实验教学设计与要求

1. 实验名称

多媒体动画规律实验。

2. 实验目的

为静止的网页添加生动的动画，认识与掌握动画的基本原理并正确地运用它们。

3. 实验内容

第一，准确把握时间与空间幅度等的变化。

第二，尽量画好相关的形状与动作。

第三，制作精致与规范，不出现技术上的问题。

第四，画面控制在 800×600 的基本页面大小。

4. 实验要求

根据运动规律，使用 Flash 尝试制作动画。要求能够掌握运动规律，把握好时间，表现出富有动感、有趣味性的动画。

5. 组织形式

该实验以个人为单位，在掌握多媒体动画的基本工具的同时，理解动画的规律。

6. 实验课时

12 课时 + 课余时间。

7. 质量标准

第一，在运用逐帧动画原理进行设计的时候，首先要理解逐帧动画的工作原理。只有理解透了它的工作原理，才能够更好地表现自己的动画。注意区分电脑软件上附带的动画功能与逐帧动画的区别在哪里，逐帧动画如何一张张地完成，运用它的时候怎么样保证帧与帧之间的衔接等问题（Flash 中的绘图纸可以帮助观察前后帧的变化）。

第二，理解运动补间动画的优点和缺点是什么，它适合处理哪种类型的动画，正确地根据要表现的动画类型运用运动补间动画，掌握运动补间动画的使用方法。

第三，理解弹性表现的优点在哪里，它主要运用于哪些类型的动画，它的重点有哪些。适当地运用弹性的表现能够更好地增加动画的生动性和夸张性。选择合适的主题进行表现，不能盲目运用该表现手法。

第四，理解动画中速度的变化有哪些，速度的变化对于动画的作用是什么。运用速度的变化需要认识各种现实世界中的速度现象，然后加以艺术化地夸张表现。速度的变化表现一般都有一定的根据，合理地分析自己的设计主题并依据它来对速度的不同变化进行选择，避免不合逻辑地使用速度。

第五，理解变形的手法是怎样通过动画产生的，它的基本原理是什么。通过反复的播放进行观察与测试从而完成流畅的变形效果是该技法的主要质量检测方法。

第六，理解路径与轨迹适合表现什么样的运动方式。它是通过什么样的技术完成的。正确地描绘路径是该动画运动方式的关键所在。

第七，理解遮罩动画是为了表现什么而运用的，它的特点是什么。正确地使用Flash中的遮罩是该技法的要点。

第八，理解光感表现可以使用什么样的技巧。综合利用遮罩和基本动画的结合可以完整地表现光感。

五、实验教学案例分析

1. 逐帧动画

(1) 背景资料

图9—1为原动画的基础原理，从该图可以看出，一段完整的动画可以由多个单张的画面构成，在经过连续的播放后就变成一段流畅而完整的动画。图中左下角显示的是传统动画制作和拍摄的机器，该机器对单张的动画进行拍摄，然后经过成像的处理，最后整理出动画的成品。第三张图片是动物行走时候的逐帧动画分解图，动画师认真地分析每一个动作并根据行走的速度决定每张画面具体的动作与姿势。

(2) 操作方法

逐帧动画作为最传统的动画表现形式，正如上面所分析的那样，能够完成与解决大部分的动画问题，同时，尽管传统动画的工具还是立足于纸面的描绘，但现在的电脑动画可以使用数码绘图板，我们可以利用这些新的工具在电脑上直接实现我们需要表现的动画。Flash可以很好地支持手绘板，它也是比较直接的多媒体动画制作工具。在该案例中，我们可以通过Flash和手绘板的结合完成一段基本的逐帧动画。

(3) 操作步骤

A. 实验内容与要求：使用Flash并利用逐帧动画技术完成一段球体平移的动画，要求尽量保持球体的形状，并且尽量制作出匀速运动的动画。

B.Flash工作区：它与Firework的工作区很相似，是由时间轴、工具面板、属性面板和主要工作区所构成的（见图9—2）。

(4) 相关技术

为了完成这个实验教学，我们只需要使用笔刷并懂得基本帧的编辑就可以了。

帧在Flash中分三种：普通帧(F5)、关键帧(F6)、空白关键帧（F7)。在这个实验中我们只使用空白关键帧。另外，使用“绘图纸外观”可以看到前后帧的位置，以便于我们核对前后帧的图像的大小、形状和位置（见图9—3至图9—5)。

首先，在第一帧画一个球体，然后用鼠标激活第二帧，并插入空白关键帧，这样我们获得一个新的空白帧页面，此时，打开“绘图纸外观”功能，前一帧的画面就变成半透明的了，以便于我们参考着画出第二帧的画面。重复上面的步骤，直到球体到达画面的右边，此时，可以按Enter键测试动画的效果，如果发现有不自然的地方，可以通

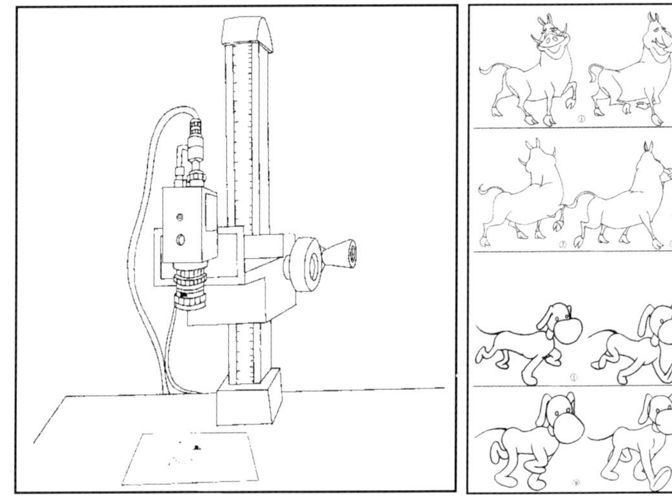

图9—1 逐帧动画

图片来源：［英］威特克，哈拉斯著，陈士宏等译：《动画的时间掌握》，北京，中国电影出版社，2005。

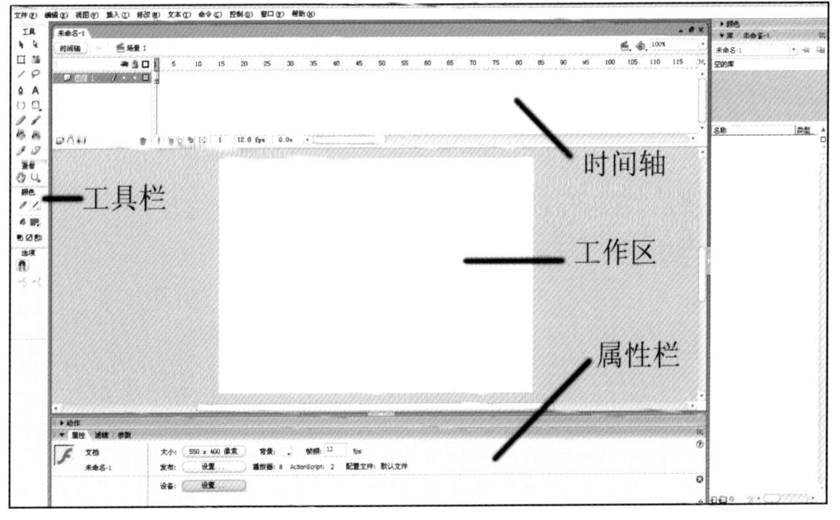

图9—2 Flash工作区

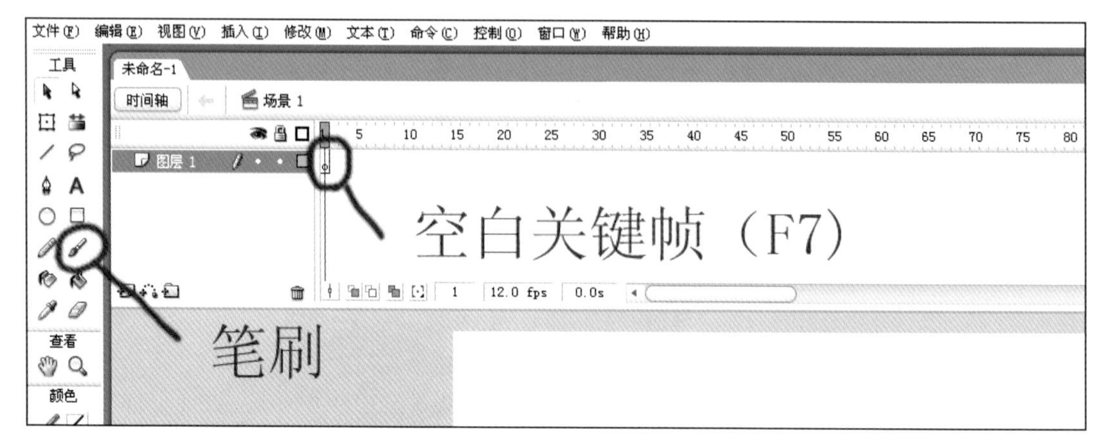

图9—3 笔刷与空白关键帧

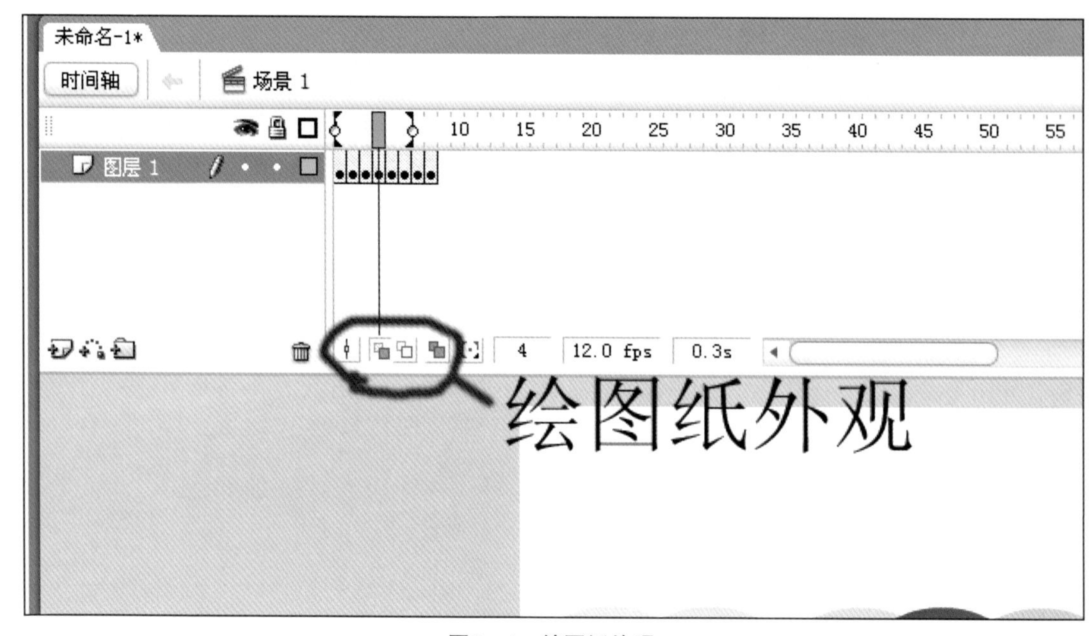

图9—4 绘图纸外观

过调整具体帧的办法来调整球体的大小、位置和比例。最后，应该制作出一段比较平滑的球体平移动画。

2. 弹性表现

图 9—6 的手绘原稿体现了弹性的表现。注意观察球体落地前后几帧的形状和时间。

图 9—7、图 9—8 都反映了弹性变化应用在角色和动物中的情况，注意弹起那帧的形象是被特意拉长了的。

图 9—8 在中间帧的处理上体现了弹性的变化，它故意拉长了中间帧的形状，有的教材将这种技巧叫做“拉长的中间画”。这种处理让动画的动作显得更加生动。

（1）背景资料

弹性的表现主要应用在增强力学作用与

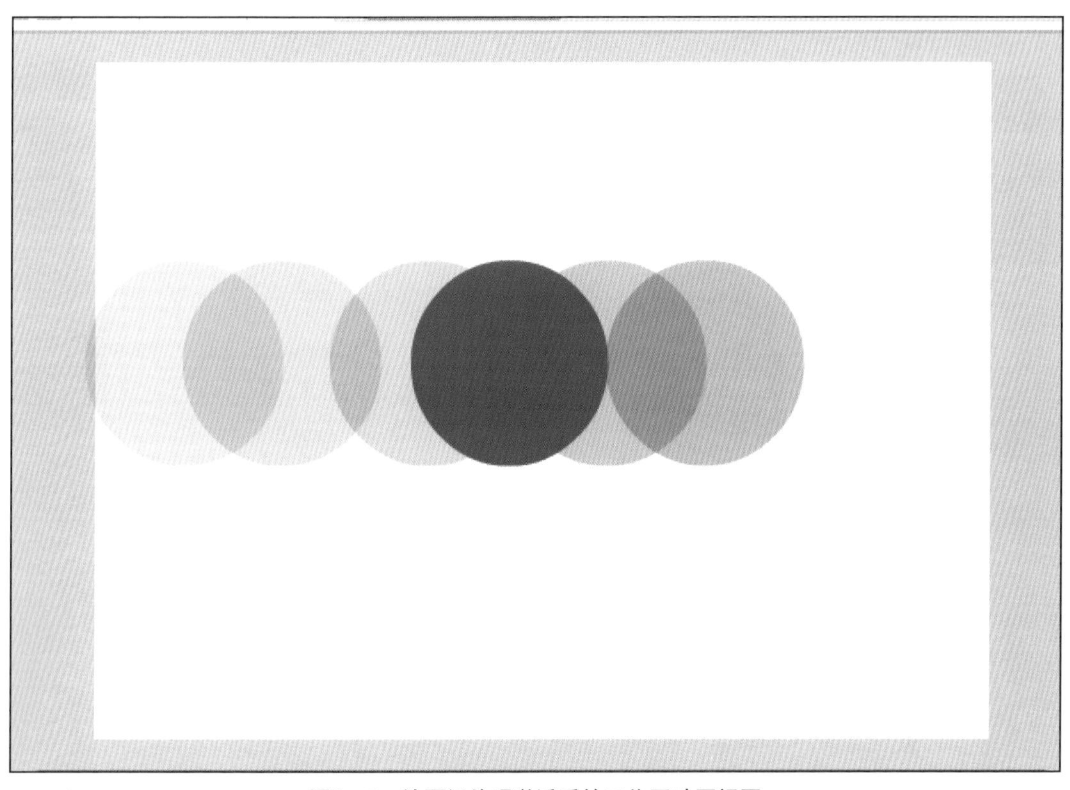

图9—5 绘图纸外观激活后的工作区动画视图

增加动作的趣味方面（见图 9—6 ~ 图 9—8），它能够非常好地表现动画动作的特殊趣味，夸张的弹性动作往往可以给人诙谐的感受并让人印象深刻。以上案例中的弹性表现，其关键在于特定的中间帧处理，例如当球体着地、跳跃的人物或动物着地的时候，形体被压扁或动作出现一个蓄势的状态，与此同时，处于弹起的中间帧的造型往往被故意地拉长，这样就能够表现出弹性的感觉。

（2）操作方法

首先，对相应的一系列动画的动作进行理性的分析，根据客观分析所得结果，找出动作着力的关键帧并对这个帧的形体进行相应的拉伸或压扁处理，与此同时，合理地调整与控制时间，一般说来位于蓄势阶段的动作所占用的时间要比弹出阶段的时间长。弹出的时间动作往往处理得比较短一点，这些帧的动作的空间幅度也比较大。

（3）操作步骤

在该实验中我们尝试画出一组球体的弹性跳跃动画，可以参考图 9—9。

补间动画尽管能够轻松地完成位置移动的动画，但是，在表现弹性方面就会显得比较困难，所以在这个实验中，我们推荐使用传统的逐帧动画方式进行处理，即用电脑手绘板，在 Flash 里面一帧一帧地绘制。绘制的时候可以使用 Flash 的“铅笔”工具或“笔刷”工具，画的过程和前面一样，首先确定

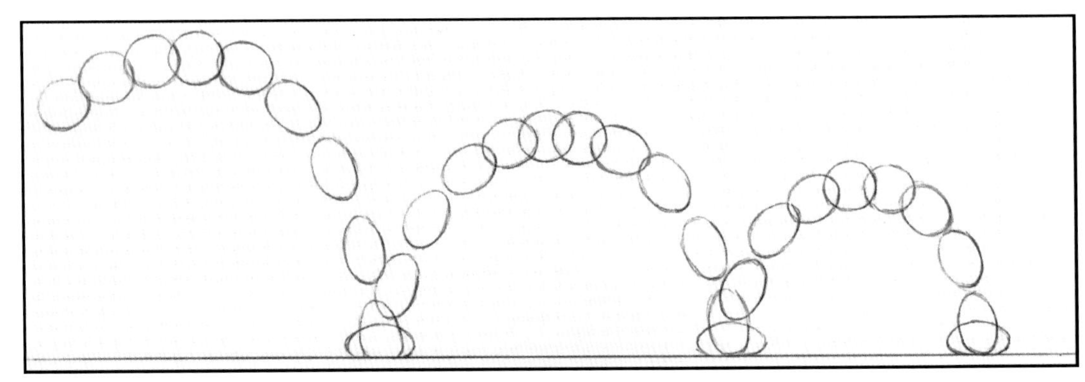

图9—6　球落地的弹性表现

图片来源：［英］理查德·威廉姆斯编著，邓晓娥译：《原动画基础教程》，北京，中国青年出版社，2006。

图9—7　弹性表现的应用

图片来源：《原动画基础教程》。

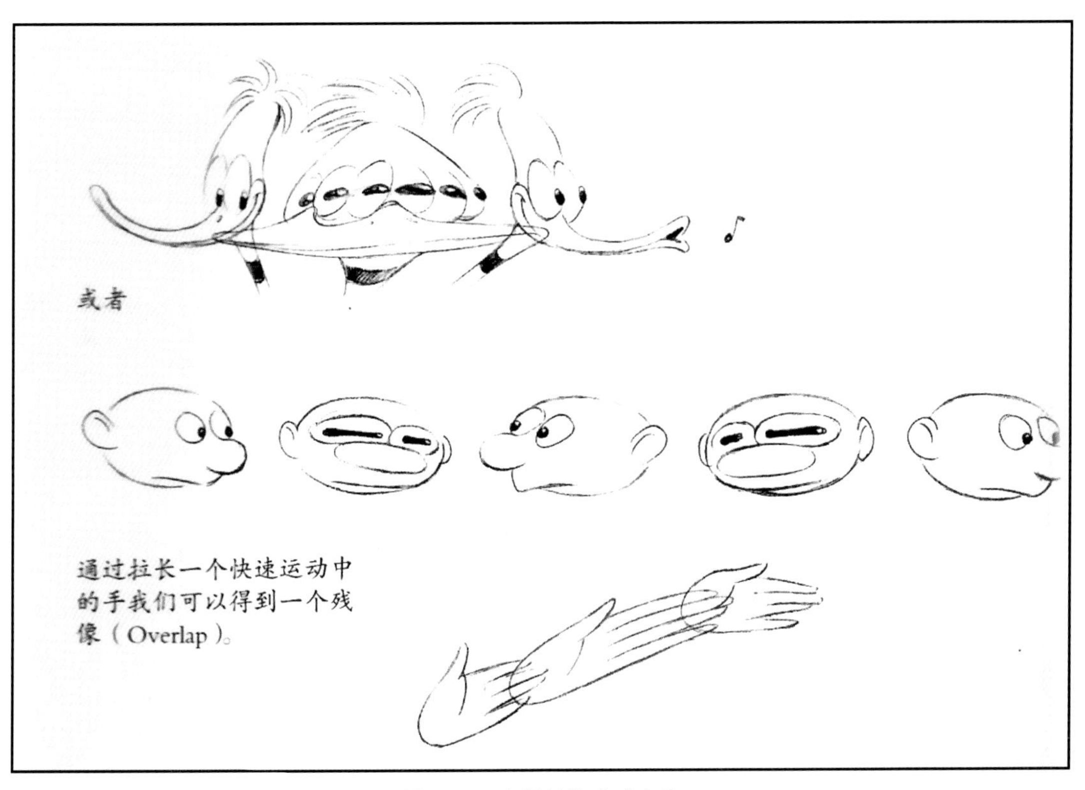

图9—8　中间帧的弹跳变化

开始帧和结束帧，然后找到中间帧，再在中间帧上画出中间画，以此类推，直到动画完成为止（见图 9—10）。

首先，我们在开始阶段先画出代表地面的线，然后根据需要画出球体的运行轨迹，然后依据这个轨迹再画每一张的动画。

球体在空中的开始位置为第一帧，结束帧定在球体第一次着地的时间上，这样我们就找出了动画的关键位置与时间，然后根据这两帧画出中间画，直到整个动画完成。

在画的过程中要注意着地瞬间和弹起时的形状变化。另外，因为球体的下坠运动和

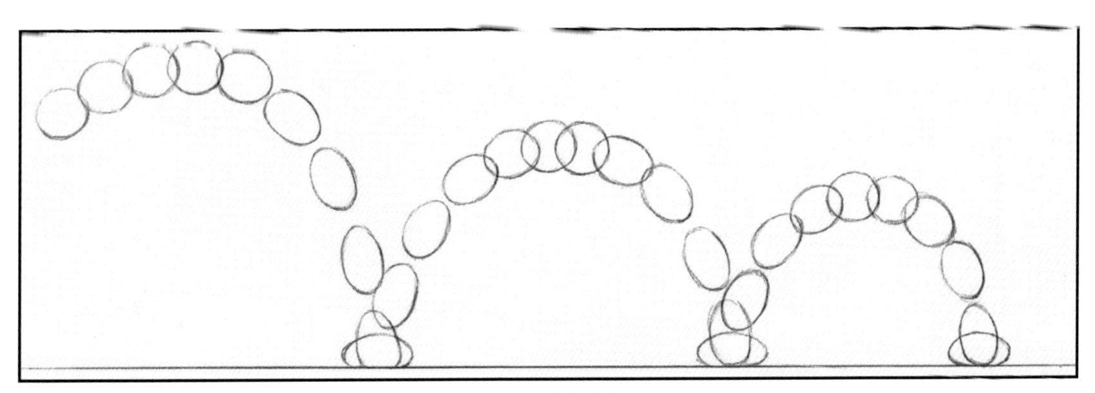

图9—9　球体的弹性跳跃

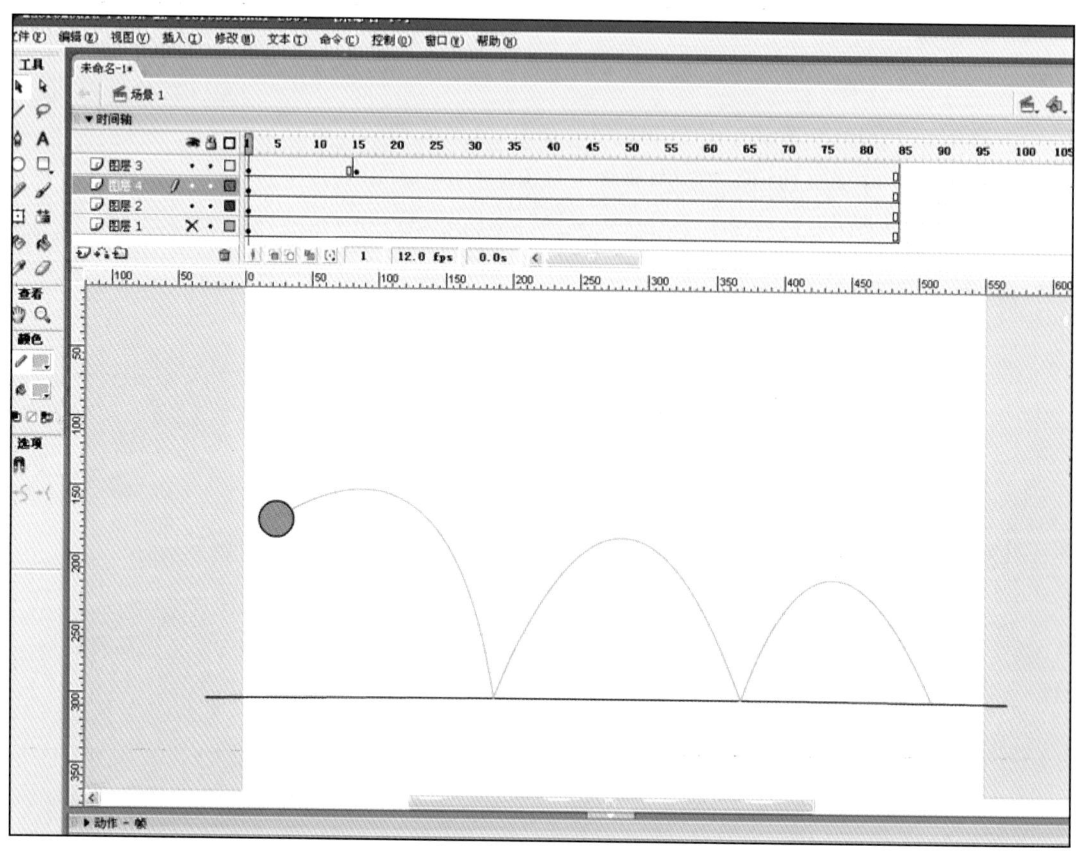

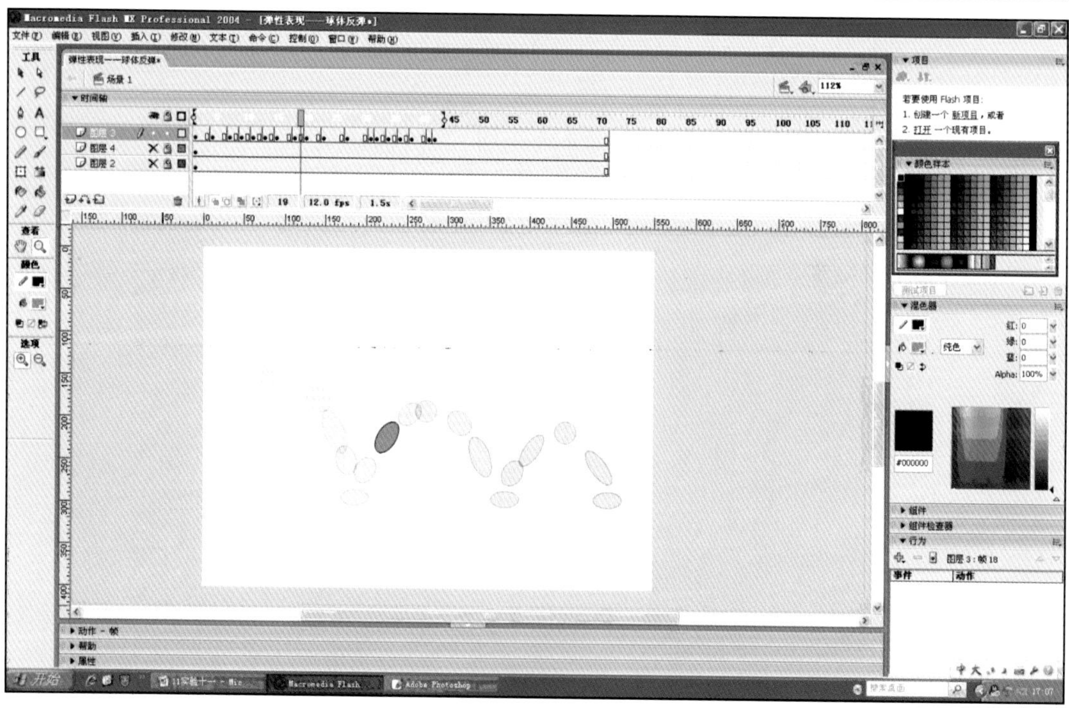

图9—10　球体弹性跳跃的Flash截图

反弹运动都会加速和减速，所以要注意设定好帧的时间轴位置。

图 9—10 的上图是设定好的基本辅助线，而且它们已经被分到单独的图层上，这样就不会影响下面绘制动画的工作，也就是说，动画将会添加在另外一个独立的图层上。当你看到这些曲线的时候，你或许会想起路径方式。路径方式的确可以完成小球沿着轨迹运动的动画，但是在它上面处理变形十分困难，所以最好还是一张一张地绘制。

3. 速度

(1) 背景资料

如果我们认真完成了上一个实验，就会发现球体的移动速度是很均匀的，其实这就是匀速运动。在生活中，很多物体在特定的情况下都是匀速运动的。例如，飞机在天空匀速飞行、人匀速走路等。

如果我们尝试将一个有弹性的皮球，从高处抛下，我们会观察到以下现象：球体在下降的过程中不断往下加速度，然后，它接触地面，再从地面弹起，当它弹到高处的时候，皮球向上的速度不断地变慢。所以我们可以得出以下结论：皮球落下时是加速运动，而皮球弹起的时候是减速运动。

动画动作的速度与时间、距离、张数三个因素有关，而在这三种因素中，距离（即动作幅度）是最关键的。动作幅度往往是构成动作节奏的基础，如果关键动作的幅度安排得不好，即使对时间和张数进行适当处理，结果还是会不够理想。

当然，我们不能因此而忽视时间和张数的作用，在关键动作幅度处理得比较好的情况下，如果时间和张数安排不当，动作的节奏还是出不来，使人感到非常别扭。不过对于这种问题的修改比较容易，只要增加中间画的张数或是调整摄影表上的摄影格数就可以了。

动画动作的时间、距离、张数三个因素的不同关系，不仅对速度有影响，而且直接影响动作节奏的变化（见图 9—11、图 9—12）。

(2) 操作方法

在表现速度的时候，我们首先应该对将要表现的动画进行分析，如上所述，归纳出动画的时间与空间变化。表现技巧既可以用传统的逐帧动画也可以用 Flash 的补间动画完成，在我们的教材里使用的是补间动画。

(3) 操作步骤

补间动画是 Flash 特有的动画制作方式，它的基本原理和传统动画一样。经过 Flash 的运算，中间画可以被它自动生成，我们只要集中精力在关键帧上面就可以了。它的好处在于减少了工作量。

补间动画的使用原则是单独图层、单独元件，即在同一个图层上、同一段时间内，只能有一个元件，除了这个元件外，不可以有其他任何东西，包括形状、群组和其他不同名元件等。元件又叫 symbol，它是 Flash 动画运算的基本单位，没有它补间动画就不成立。元件分为影片剪辑、图形和按钮三种

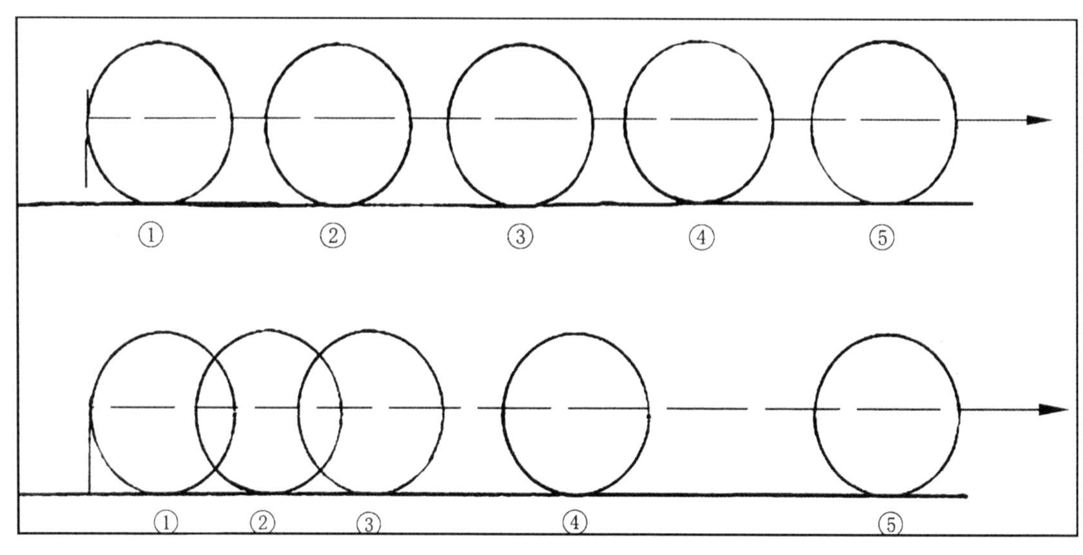

图9—11　匀速与加速的表现

图片来源：《原动画基础教程》。

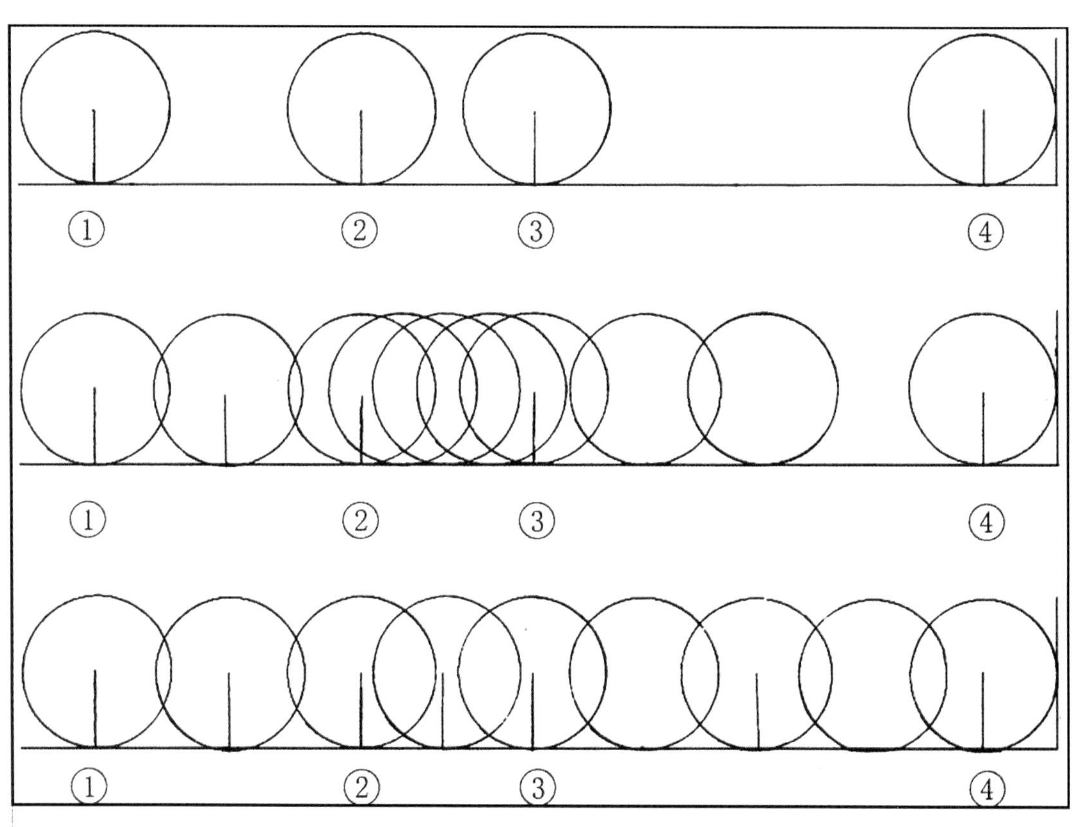

图9—12　变速的效果

图片来源：《原动画基础教程》。

类型，对于此次实验来说，使用影片剪辑就足够了。

（4）操作手段

A．利用椭圆形工具在第一帧处画出一个圆形。然后用鼠标双击该圆形，按 F8 将它转为元件，在“行为”中选择“影片剪辑”（见图 9—13、图 9—14）。

B．在第 25 帧处按 F6 插入一个关键帧（F6 的作用就是复制前面一个关键帧并插入到该帧上面），这样我们就有了两个关键帧了。然后对第 25 帧上的圆形的位置进行调整，把它向下拉到画面下方。到此，我们就有了两个不同位置的关键帧了。最后，在第 50 帧的位置处再次按 F6，设定圆形弹起的一个关键帧。这样，整个圆形下落和弹起的动画关键帧设定完成（见图 9—15、图 9—16）。

C．在时间轴上选择这两个关键帧动画中间的任意一帧，然后在属性面板上选择“运动”来设定补间动画，这时时间轴上应该显示出一段实线，这样补间动画就被正确地设定了（如果是虚线显示，那么证明该动画不符合补间动画的工作原则，请参考补间动

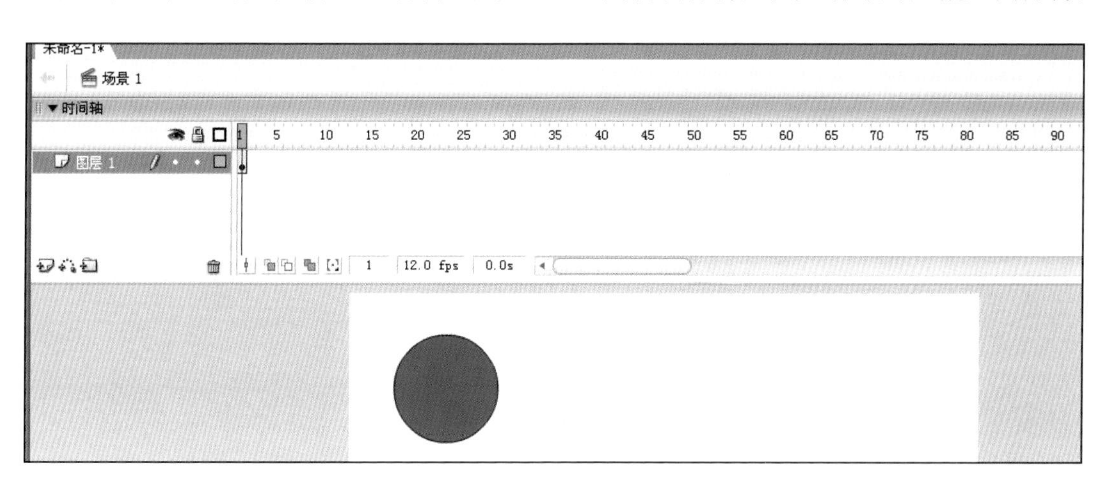

图9—13　在第一帧处画出一个圆形

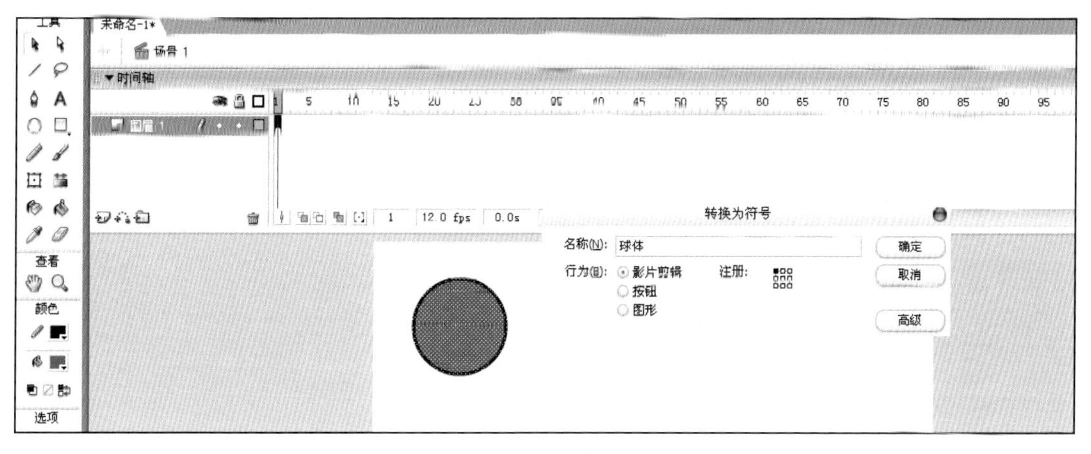

图9—14　将圆形转化为元件

画原则进行更正）（见图 9—17 ~图 9—19）。

D. 接下来我们要为圆形的运动设定好速度，让它更加生动。同样在任意两个关键帧的位置上点击一下，然后在属性面板的“简易”（或“缓动”）上设定“100”或“−100”。“−100”是加速，“100”是减速。球体向下时

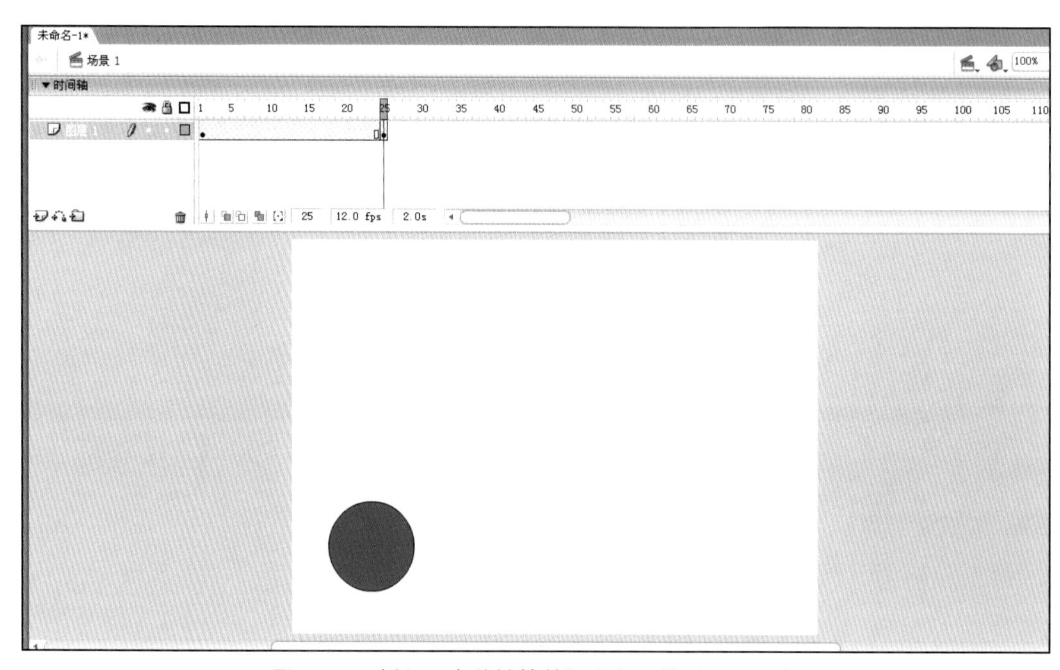

图9—15　插入一个关键帧并把它向下拉到画面下方

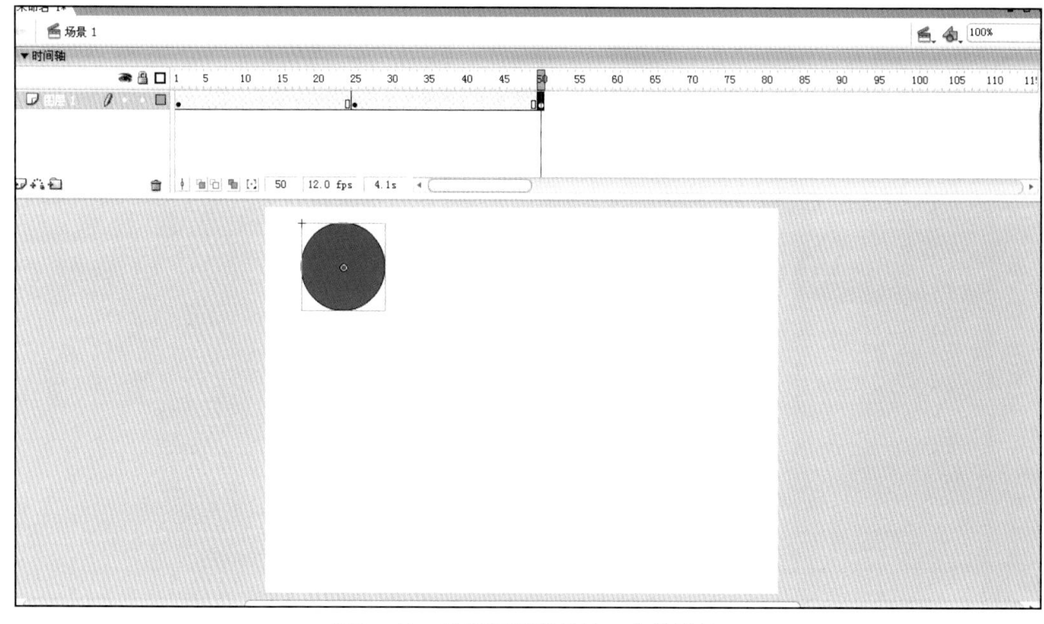

图9—16　设定圆形弹起的一个关键帧

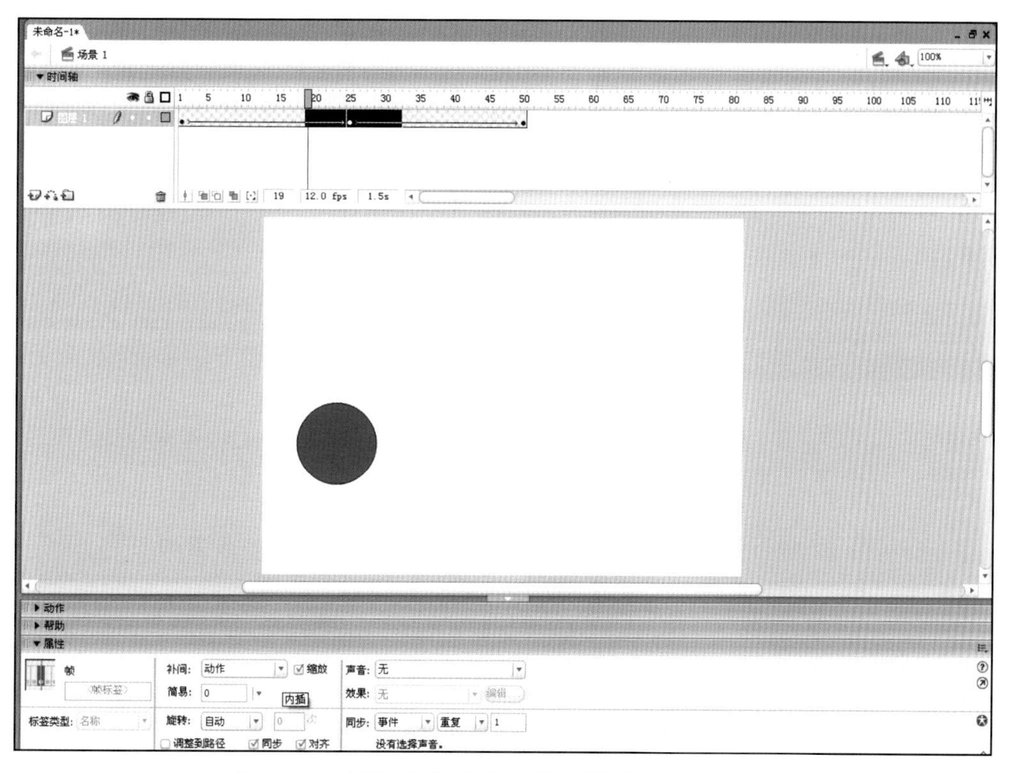

图9—17　在属性面板上选择“运动”来设定补间动画

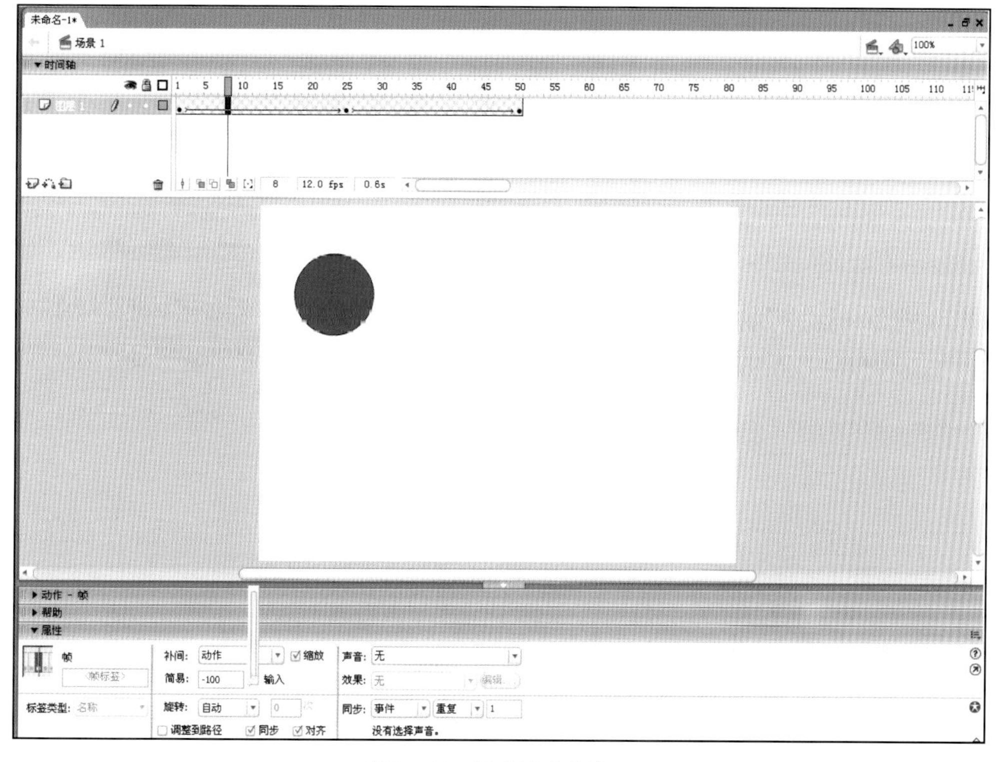

图9—18　设定速度变化

应该是“-100”，球体反弹时应该是“100”。

4. 变形

（1）背景资料

图 9—20 是孙悟空变成仙鹤的逐帧动画原画，我们可以看到在各张原画中，对比起上一张原画来说，其形体都略有一点变化，并且整体上在往仙鹤的造型上靠拢。在连续播放后，就能产生出流畅的变形效果。在画

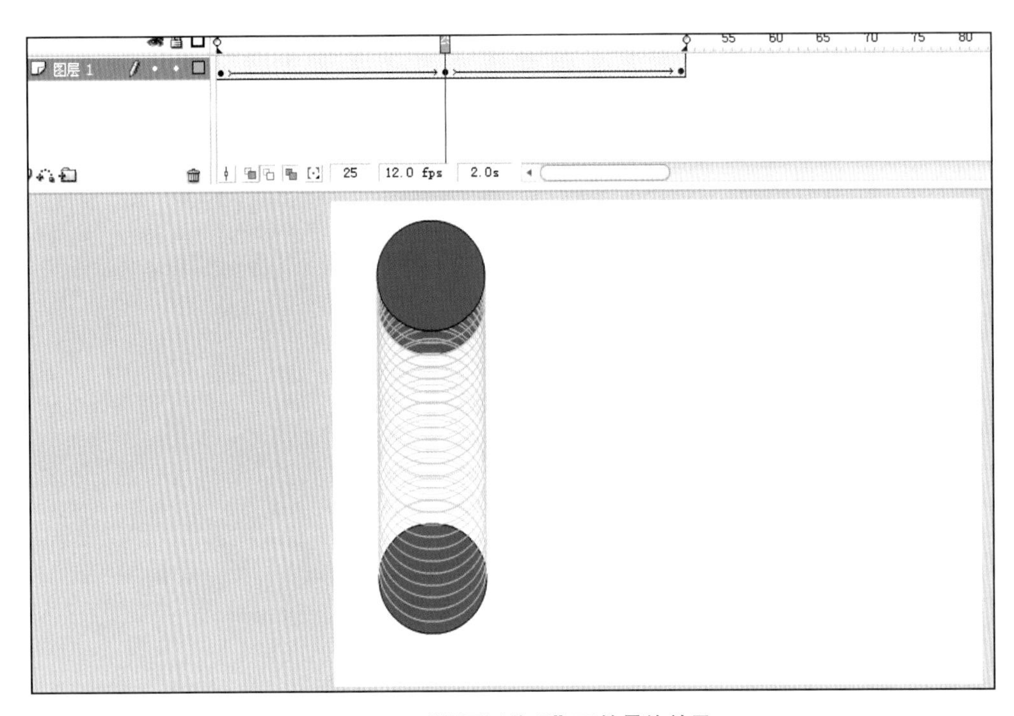

图9—19 “绘图纸外观”下的最终效果

图9—20 孙悟空变仙鹤的逐帧动画

图片来源：《动画的时间掌握》。

中间画的过程中，要注意二分之一的造型感觉（即对比前后两个连续帧的形状，找出形体的二分之一的形状）。

（2）操作方法

我们将实验两种类型的变形表现方法，一种是传统的逐帧动画方法，另外一种是利用 Flash 制作的补间动画方法。

A. 使用传统的逐帧动画（主要是一张一张地画出来，该练习要求使用电脑手绘板）。

在这个案例中，我们想将一个鸟的形状通过动画转变成文字“Bird”。我们使用中间帧和中间画的方法，即首先设计这段动画大概的时间长度，然后找出其中间的时间所对应的帧，并在该帧上画出中间画。然后不断地往下推，不断找出两个关键帧的中间时间并画出中间画。同样的，中间画的形状也应该是前后两帧动画形状的“一半”的形态（当然，中间画的形状是由作者决定的，目的就是让动画变化的时候流畅起来）。

B. 使用 Flash 的形状补间动画的表现方法（注意，该变形的方式只适合简单的几何形）。Flash 的这种变形动画技巧能够比较快地处理简单平面几何形变形，但是它的缺点在于应对稍微复杂的或节点过多的形状时会难以控制。所以，在面对具体的动画表现需要的时候，应该充分考虑这两种变形方法并选择最合适的方法来应对。

（3）操作步骤

首先，画出第一帧中的鸟的形状，在第六帧上画出或通过打字工具打出“Bird”的英文文字。画的过程需要使用 Flash 的笔刷或铅笔工具勾勒出轮廓，然后再填上颜色（见图 9—21、图 9—22）。

其次，在画的过程中要利用 Flash 的“绘图纸外观”对形状进行对位和比较，并依次完成中间画（根据第 1 帧和第 6 帧画出第 3 帧，然后根据第 1 帧和第 3 帧画出第 2 帧，这样依次类推 1 帧－ 6 帧＝ 3 帧，1 帧－ 3 帧＝ 2 帧，3 帧－ 5 帧＝ 4 帧）。

最后，检测和测试动画，如果发现过程不流畅或者出现变化比较突然的情况，请回去找出具体出问题的帧，加以修改。

图 9—22 至图 9—26 使用“绘图纸外观”来观察形状并画出各帧的二分之一形状，使用 Flash 的形状补间动画的表现方法（注意，该变形的方式只适合简单的几何形状）。

首先，Flash 的形状补间动画要求在画面中使用“形状”作为动画的基本单位，也就是除了形状属性以外的格式将不能产生这类补间动画，例如，群组和元件都不可直接用于该补间动画。所以，当我们确立了基本的画面单位后，应该点击它，并在属性栏里面检查它的属性。

其次，通过空白关键帧设定两个不同的形状，在时间轴中间使用普通帧来给予动画一定的帧。

最后设定相应的开始帧和结束帧，然后设定形状补间动画。如果一切都正常，那么动画应该能比较正常与流畅地播放。小技巧：在两个关键帧的时间轴内利用 F5 加入普通

图9—21　这是在Flash中第一帧到第六帧的单帧图像的展开图

图9—22　用Flash制作补间动画

帧或者 shift+F5 来减去普通帧，可以调节整个动画的时间长短。

在前后的关键帧上插入相应的方形和圆形。

5. 路径与轨迹

（1）背景资料

如果我们认真观察就会发现，昆虫、飞机和汽车等依据一定的路线来运动。传统的动画技术在处理昆虫等生物运动的时候总是先在草图上画出它们的飞行路线，然后根据这个路线画出它们的飞行动画，这种类型的动画称为路径动画，在 Flash 里面就可直接地把路径画出来，并让物体依据这个路径来运动。

（2）操作方法

在制作沿着路径运动的动画前，我们首先要考虑路径形体。路径的绘制需要通过对客观事物的认真观察来获得，不同事物有着

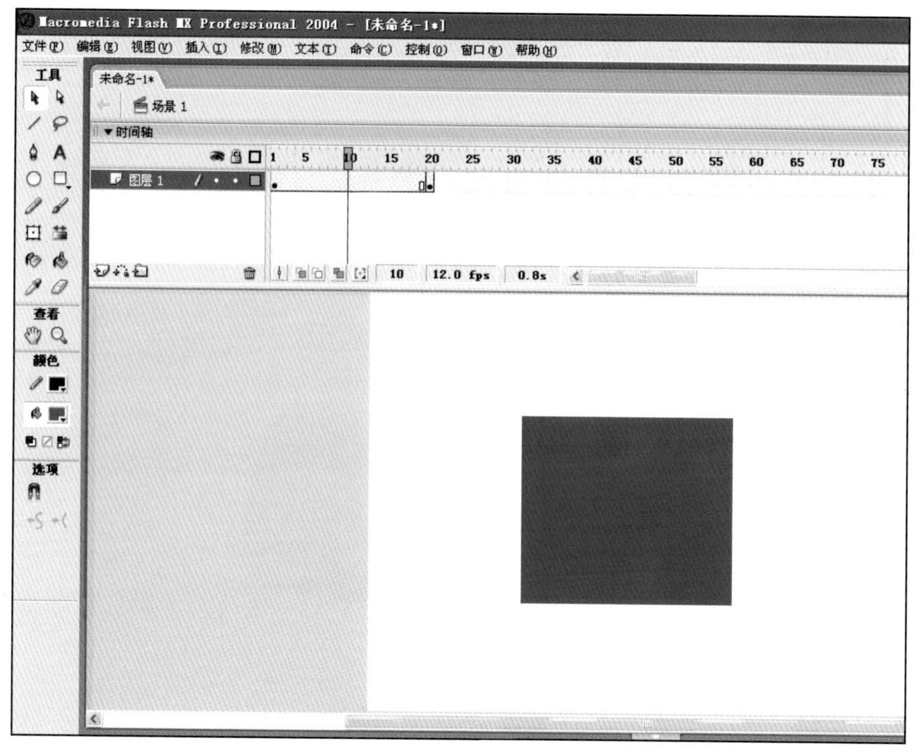

图9—23 在关键帧上插入方形

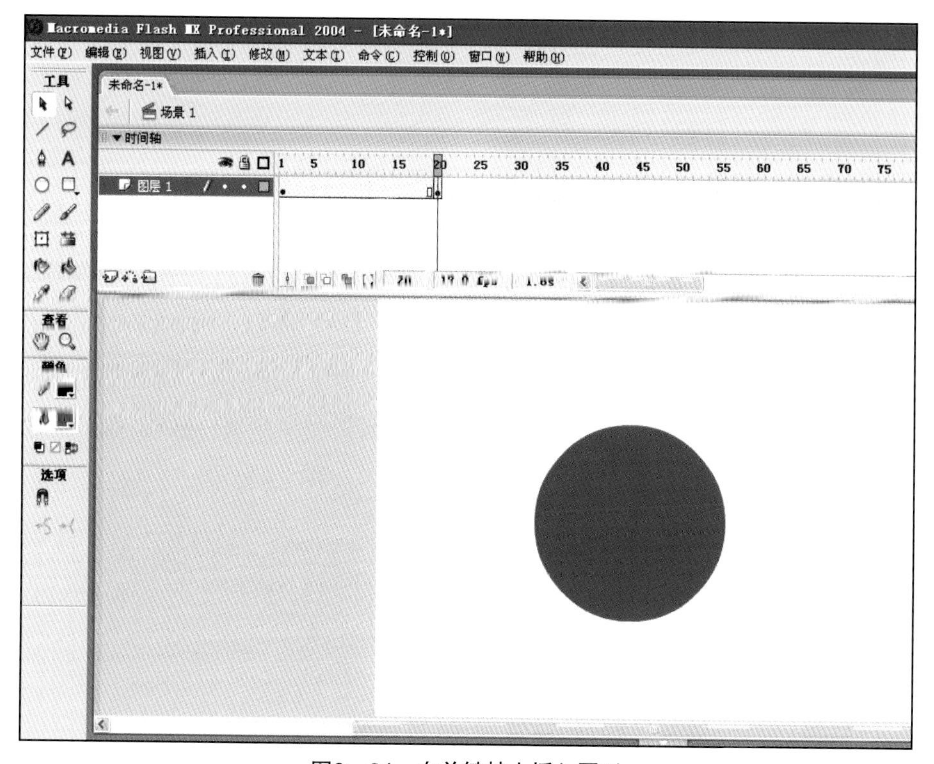

图9—24 在关键帧上插入圆形

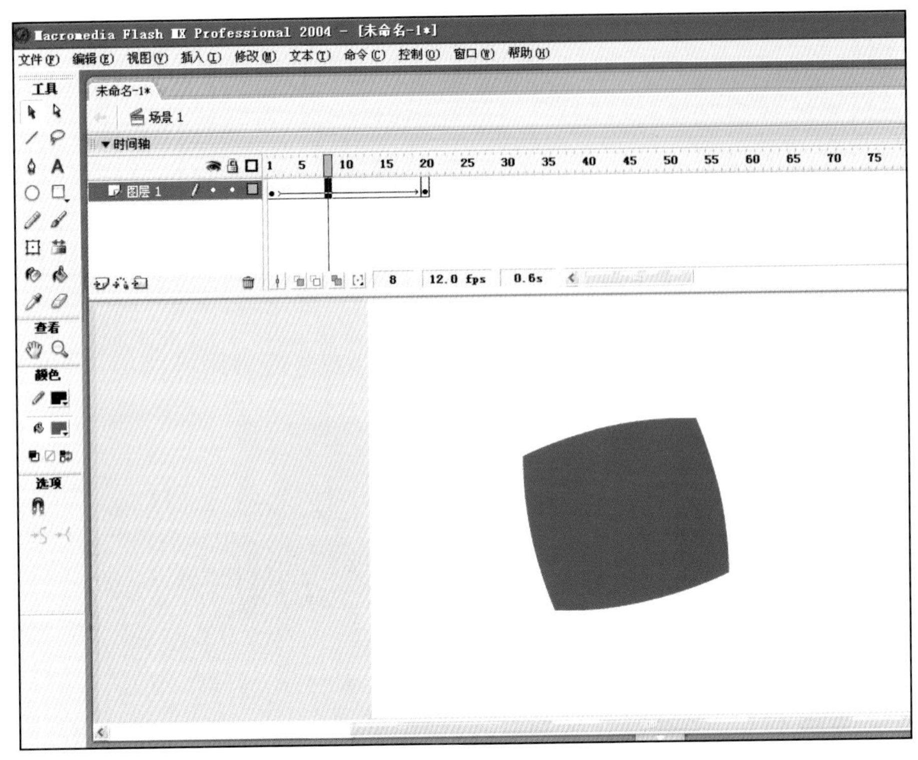

图9—25 在时间轴上两个关键帧之间的任何一个位置点击一下，然后在属性里面设定形状补间动画

不同的运动轨迹，例如，火车、昆虫、鸟类的运动轨迹各不相同。盲目地绘制轨迹与路径将使最终动画不符合逻辑。在制作方法方面，既可以使用传统的逐帧动画画法，也可以使用 Flash 的运动补间动画方法。在这个案例中，我们使用运动补间动画与轨迹结合的操作方法。

（3）操作步骤

A．首先我们利用 Flash 的绘画工具画出一架飞机，然后我们准备利用运动补间动画的方式制作路径动画。所以我们的第一步就是将画出来的飞机转化为元件，并把它放到单独的图层上，同时将图层的名字命名为“飞机”以便于管理。接着，在该图层上建立一个图层，并命名为“路径”，注意，该路径的图层必须位于飞机图层之上。然后，使用 Flash 的“铅笔”工具在该图层上画出一条平滑的路线，见图 9—27 至图 9—29（关于绘制 Flash 图形，请参考其他 Flash 技术书籍）。

B. 我们现在通过双击“路径”图层的图标来设定引导层（在这个实验中路径的图层就是引导层），在弹出的菜单中选择“引导层”，然后图层的图标就更改为引导层的图标了。同时，我们用同样的办法将“飞机”图层设定为被引导层。最后该图层的图标会位

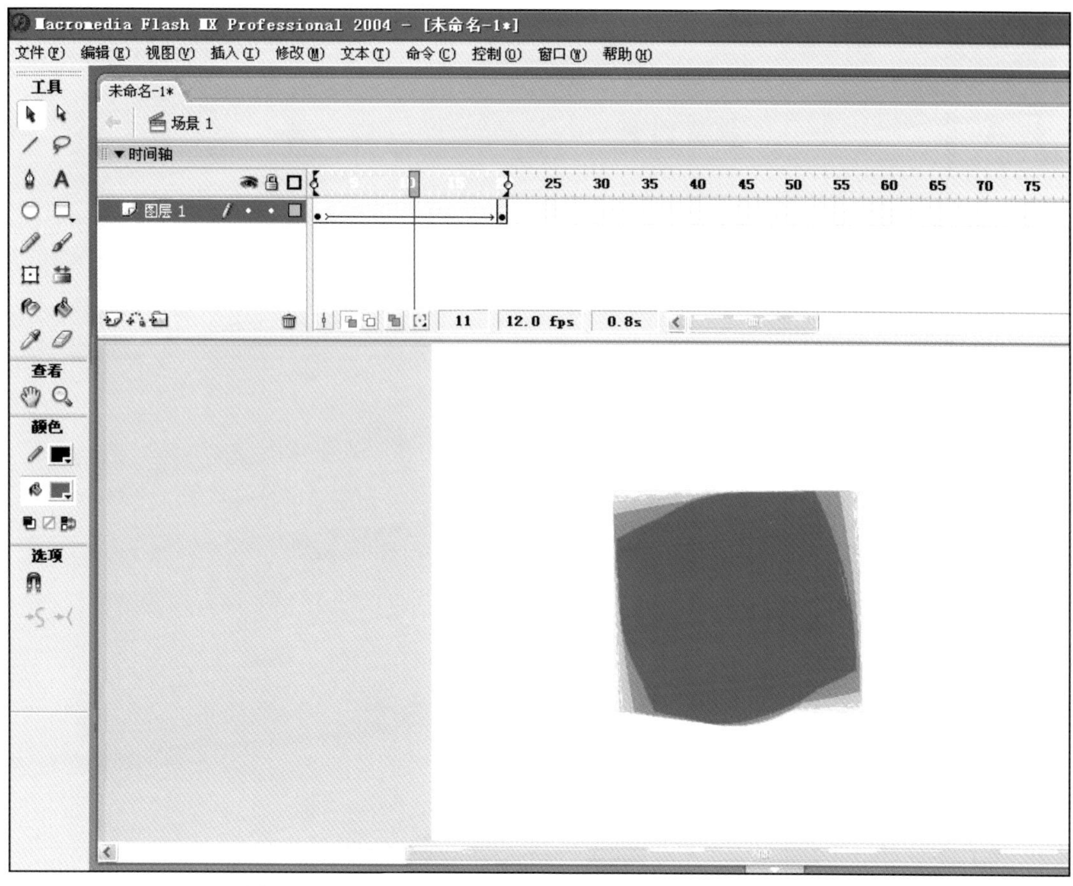

图9—26 利用“绘图纸外观”看到的所有帧上的动画变化

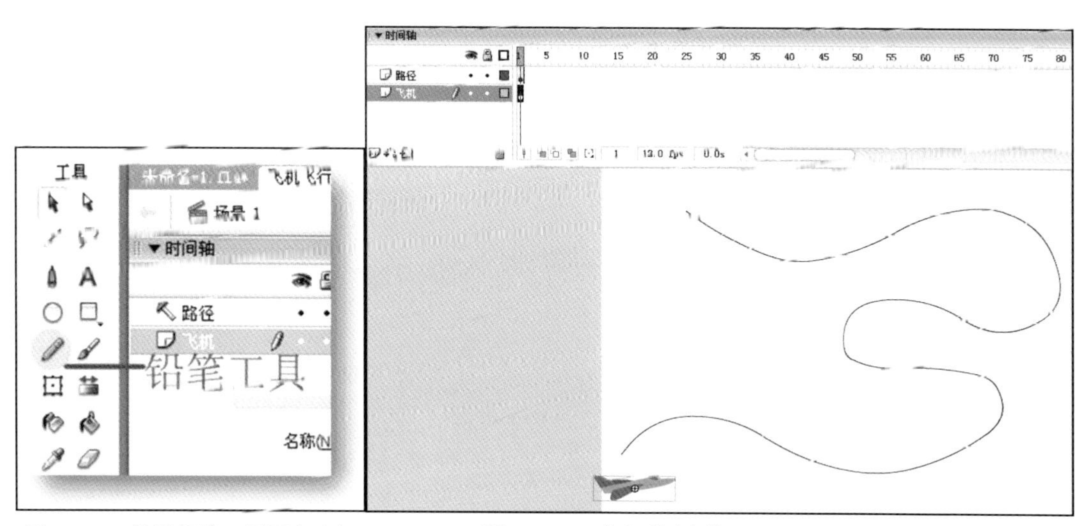

图9—27 使用铅笔工具画出路径

图 9—28 建立“路径”图层和“飞机”图层，并把相应的路径和元件放进去

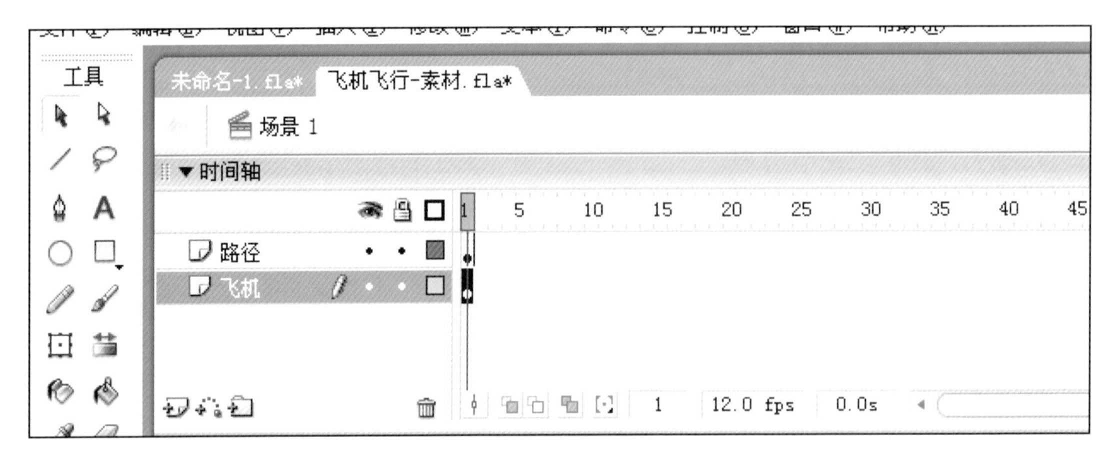

图9—29　图层列表

于引导层之下（见图 9—30 至图 9—32）。

C. 使用选择工具，激活它的“磁铁工具”，再把飞机元件吸附到路径开端。然后，同时将“飞机”图层和“路径”图层的时间轴延长到我们需要的时间，即该动画的过程所需要的时间（见图 9—33、图 9—34）。

D. 按补间动画的原则，在飞机图层的最后一帧设一个关键帧，同时将该帧的飞机元件用磁铁工具吸附到路径的末端。这样我们就有了两个关键帧。最后，在两个关键帧中间的任意位置点一下，并在属性栏上设定运动补间动画。

6. 遮罩动画

（1）背景资料

在这里我们首先应该理解遮罩动画的工作原理，并且结合自己的实际观察以及创意表现来运用它。现在很多的网页片头都利用了这种动画，它可以巧妙地完成很多优秀的视觉效果，如果能够结合电脑编程的使用就可以产生非常丰富的视觉效果（见图 9—35）。

（2）操作方法

遮罩是 Flash 和其他非线性编辑软件的常用技巧。首先，需要一个遮罩物，这个遮罩物的属性是“形状”类型，该形状的颜色须是平整的“纯色”，具有渐变色彩的形状不能产生效果。遮罩的特点是：遮住的地方是显示出来的，相反，没有被遮住的地方将不被显示。举例说明，当遮罩是一个圆形，它下方的图层是一块花布的图案时，只显示圆形范围的花布图案。

其次，Flash 的遮罩技术是需要使用两种图层的，第一种是遮罩层，第二种是被遮罩层，这两种图层是缺一不可的。同时，用于遮罩的“形状”一定要放置于遮罩图层上，被遮罩的物体一定要放置于被遮罩层上，不可互换位置。

最后，在满足“形状”作为遮罩物的基础上，我们可以将形状按自己的需要设计（必须是纯色的、平整的形状）。同时，

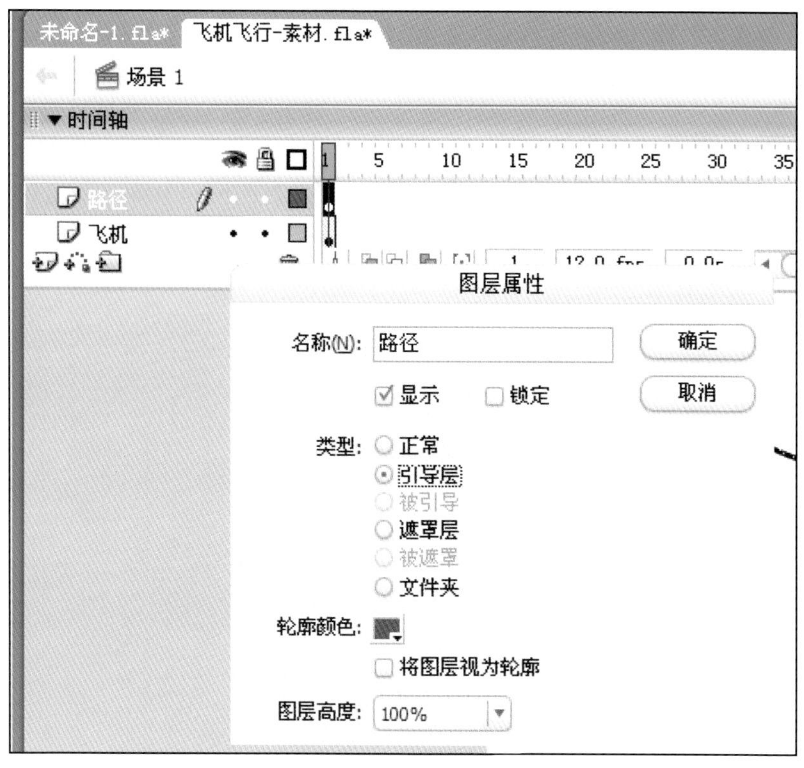

图9—30　设定引导层

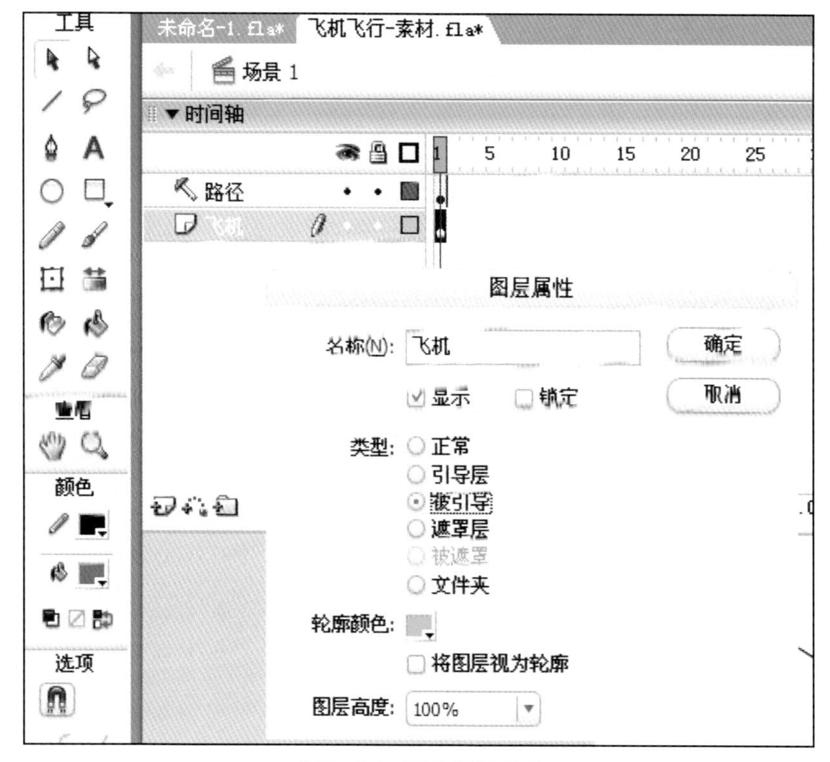

图9—31　设定被引导层

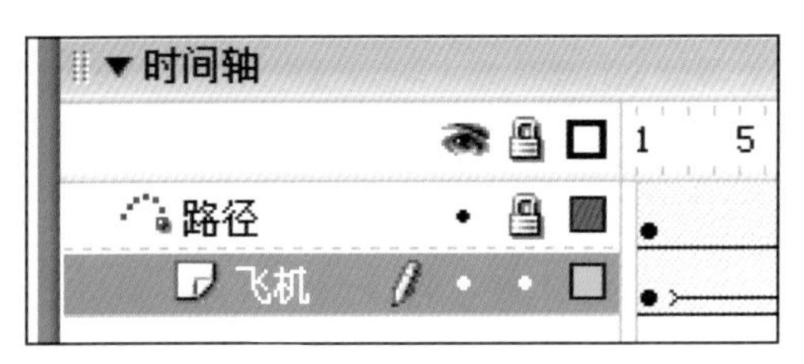

图9—32　设定好后的引导层和被引导层

图9-33　Flash 动画截图

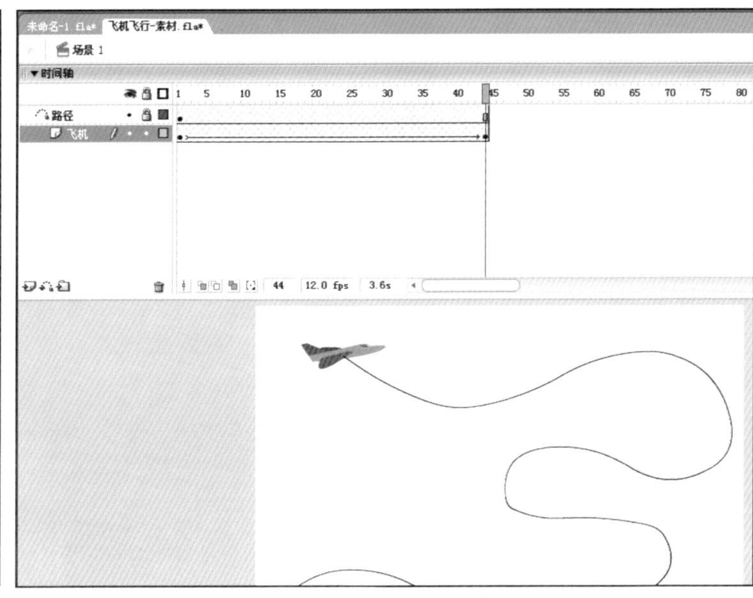

图9—34　最后完成的效果

利用元件内部的动画方式，可以将复杂的形状动画归纳到元件内部。这样就可以产生很多变化。同样，被遮罩图层上也可以放置内含动画的元件。

(3) 操作步骤

A. 建立两个图层，并给这两个图层命名，上面一个叫做遮罩图层，下面一个叫做被遮罩图层（见图 9—36)。

B. 在被遮罩图层上导入一张事先准备好的图片。

C. 在遮罩层上按需要画出一个形状（注意，该形状必须是纯色的，渐变颜色无效)。另外，颜色的色相对遮罩是没有影响的，也就是无论形状是什么颜色，最后显示的时候都不会显示颜色，见图 9—37。

D. 把遮罩图层的属性改为“遮罩层”(双击图层左边的小图标)。同样的，将被遮罩图层设定为“被遮罩层”，此时，在测试动画的弹出页面上应该可以看到最终的效果（见图 9—38、图 9—39)。

E. 下面我们将会让遮罩运动起来。我们可以直接使用形状补间动画来完成一段移

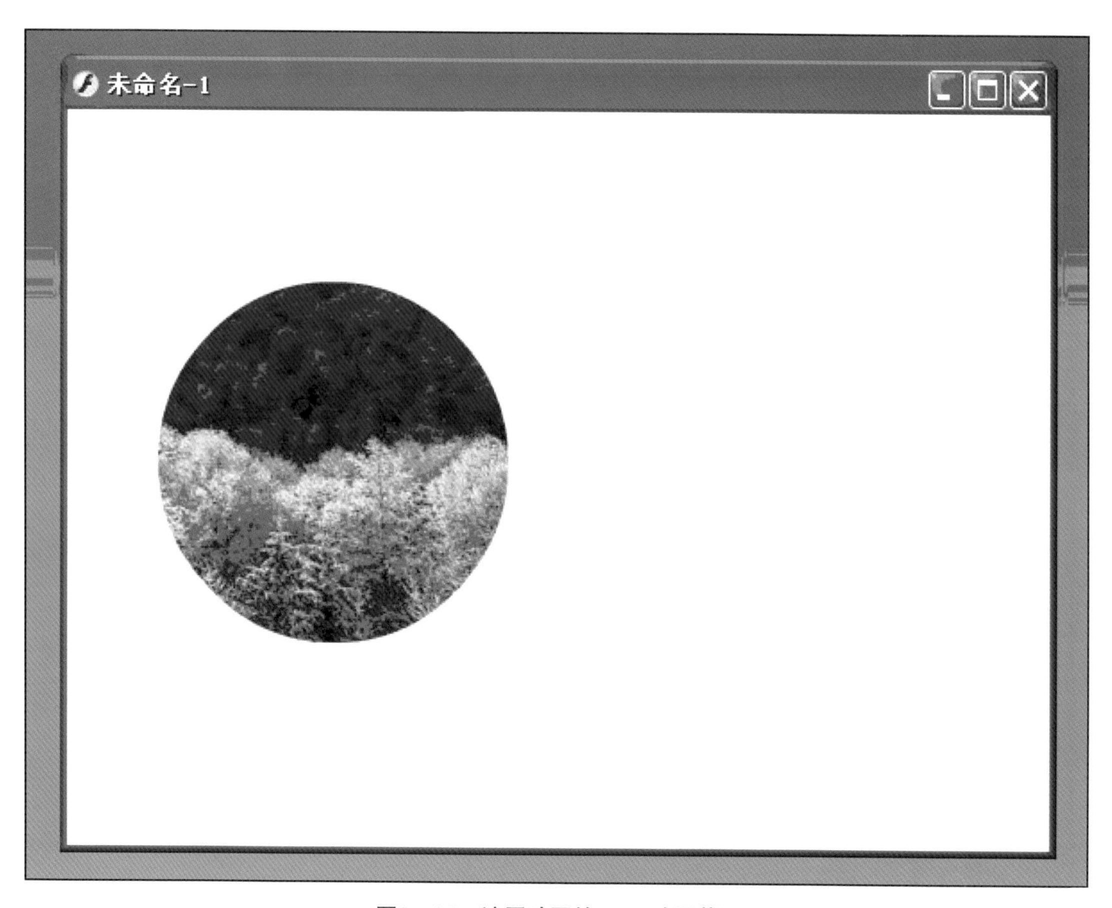

图9—35　遮罩动画的Flash动画截图

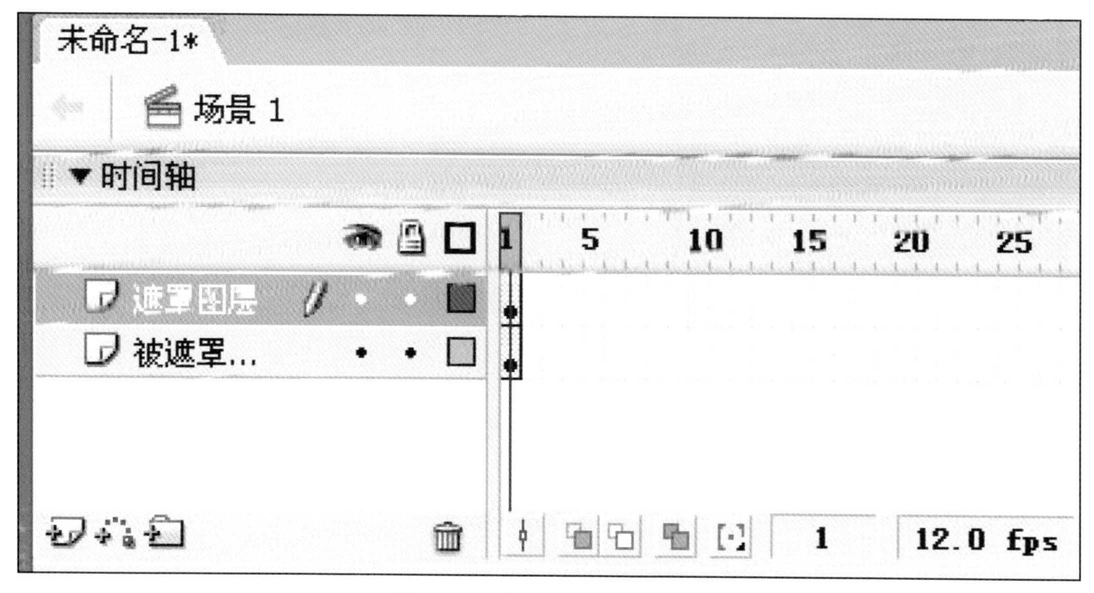

图9—36　建立两个图层并命名

图9—37　在被遮罩图层上导入一张事先准备好的图片

图9—38　更改遮罩图层的属性

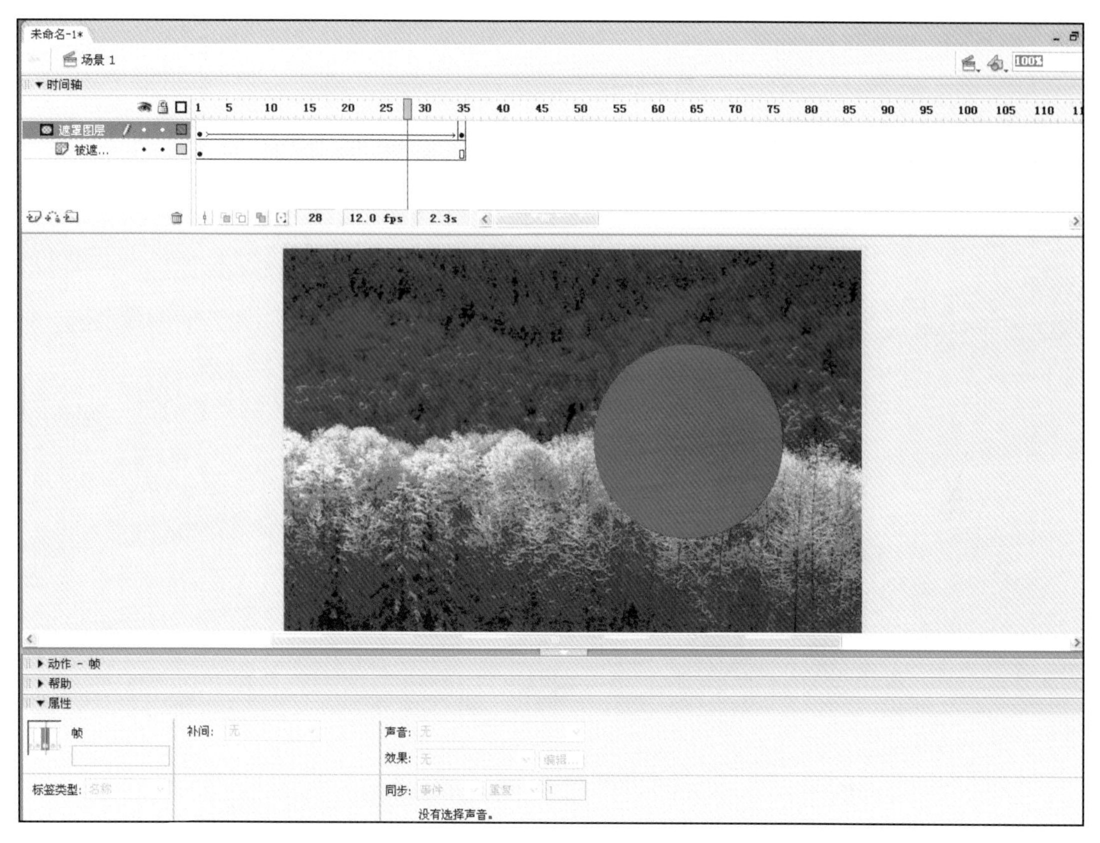

图9—39　“绘图纸外观”被激活后所看到的圆形移动情况

动的动画（见图 9—40）。

7. 光感表现

（1）背景资料

光的表现是为了创建光照环境与质感。这些精彩的效果能够让平淡的网页设计增添更多亮点，让文字、图形、图像与动画看上去更加绚丽与精致。

（2）操作方法

上一个案例中的遮罩功能也能够运用到创造光感的视觉表现上。首先，光照效果并不能在没有对比的情况下显示，即只有在明显的背景或物体的衬托下才能够清晰地显现光照效果。这与烟花为什么在晚上放效果最好是同一个道理。所以设计与表现光感的时候，一开始就应该考虑好背景与衬托物的颜色，一般选择明度较低、较重的色彩更为合适。

其次，需要注意光源的形状，不同的光源投射出的光照形状不一样，这些形状反映的是虚拟环境中的合理性。忽略了这一点，将削弱对光感与质感的表现，甚至与我们实际看到的情况相去甚远。

（3）操作步骤

实验一：表现强烈的发光效果

在这个实验中，图片以黑夜为背景，

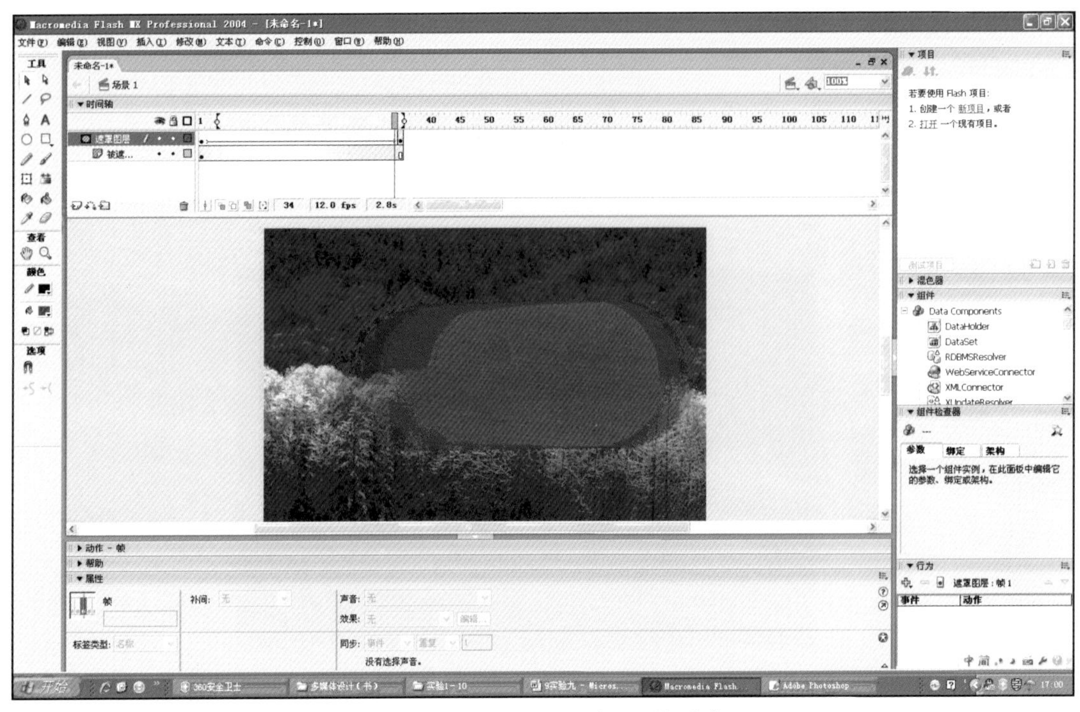

图9—40　测试动画后，圆形遮罩开始活动了

所以我们在处理周围的图片时可以利用 Photoshop 将图片的明度调整得略微低一点，以便衬托出光的感觉（见图 9—41）。

步骤如下：

A．利用文字工具打出想要的文字，可以选择稍微明亮一点的颜色。同时，导入一张调整好的背景。该案例选用了一张经过 Photoshop 调暗的墙壁背景。将它们置于同一个图层内（这个图层将会被改为“被遮罩图层”）。

B．在刚才的图层之上建立一个新的图层，我们将在这里绘制一个类似手电筒照射出来的圆形，然后将这个图层设定为遮罩图层，同时，将下面那个图层设定为被遮罩图层。

C．将遮罩图层上的圆形转变为元件（运动补间动画基本单位），然后，利用运动补间动画完成圆形从左到右的移动效果（当然，我们同样也可以利用形状补间动画完成该段动画）。圆形动画的过程要求正好覆盖或划过文字。

实验二：表现文字的反光感

该实验类似于镜面反射的表现，然而在遮罩的运用上就更需要一定的技巧（见图 9—42）。

在这里，我们想让光只照射到物体表面上而不照射到背景上，那么我们在使用遮罩的时候就要认真思考一下了。为了达到这样的目的，我们需要将文字多拷贝一份并单独放在一个图层（将被设为遮罩图层），见图 9-42（1）、图 9—42（2）。

被遮罩物此时变成了一个为表现光感而

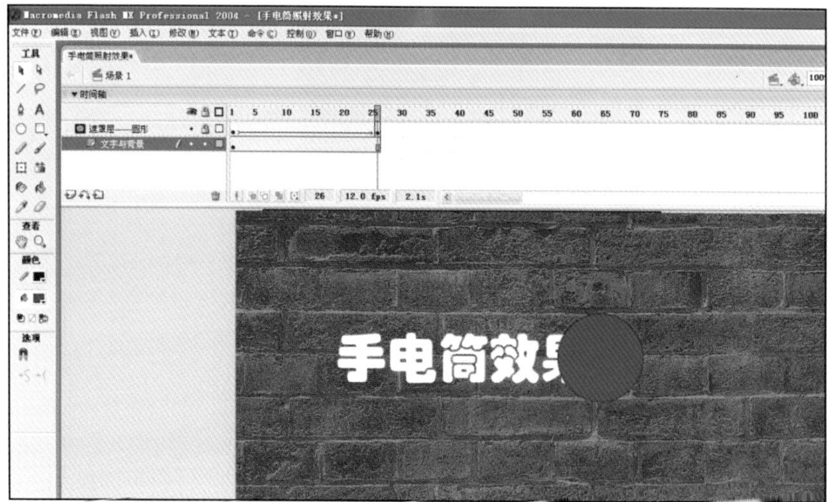

图 9—41　表现强烈的发光效果

制作的元件，如图 9—42（3）。

很明显，这个包含渐变效果的元件所在图层被设定为“被遮罩图层”。最后，该元件也被设定成滑动的移动动画，让它在文字的表面滑过，这样在最后的动画测试中应该能看到文字闪烁的动画效果，如图 9—42（4）。

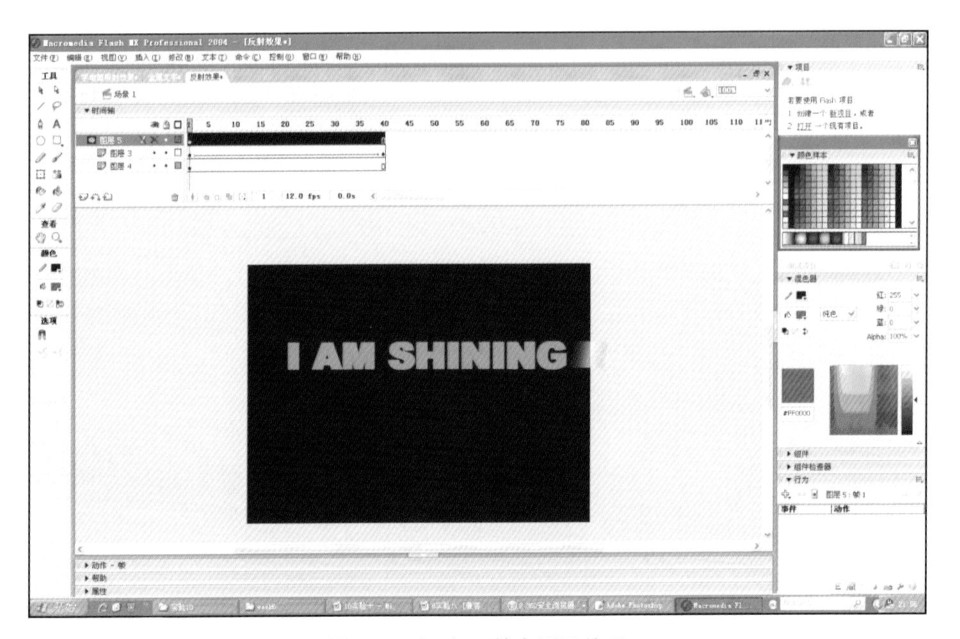

图9—42（1） 基本图层关系

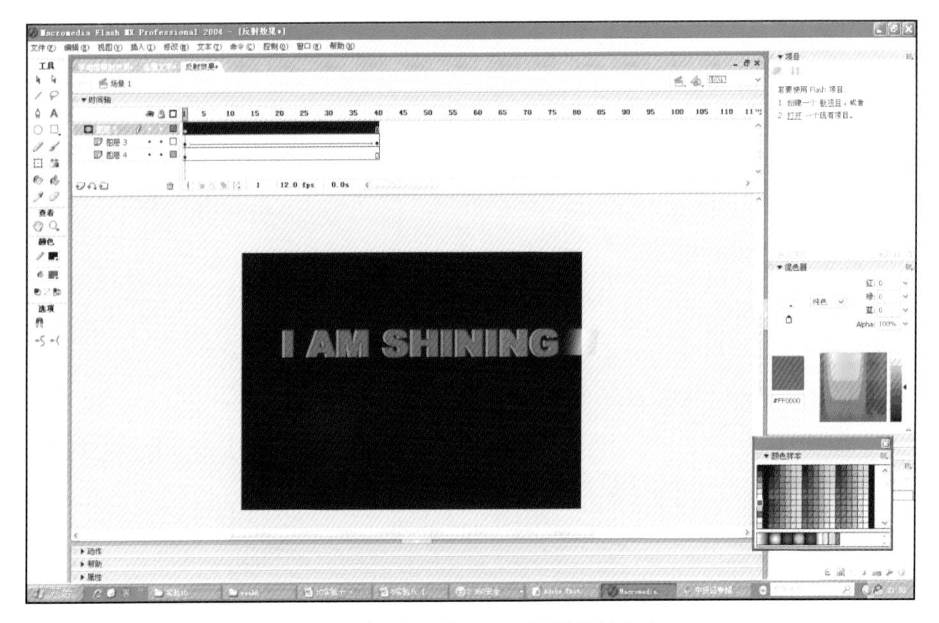

图9—42（2） 应用于遮罩图层的文字

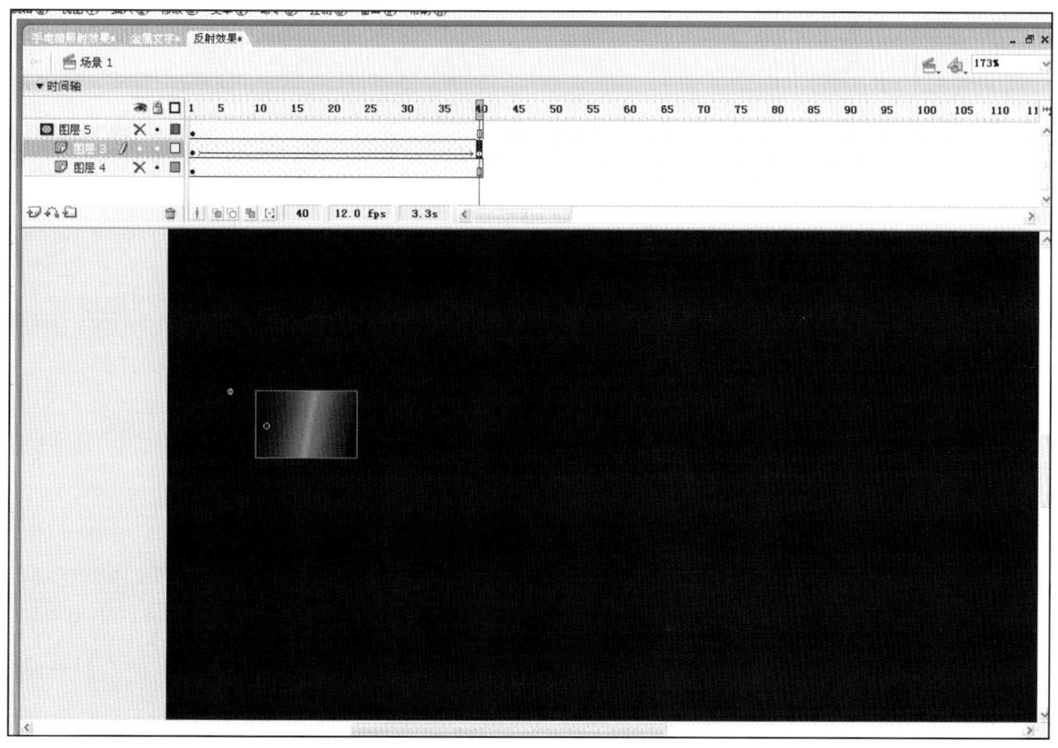

图9—42（3） 表现文字反光感而制作的一个装有渐变效果的元件

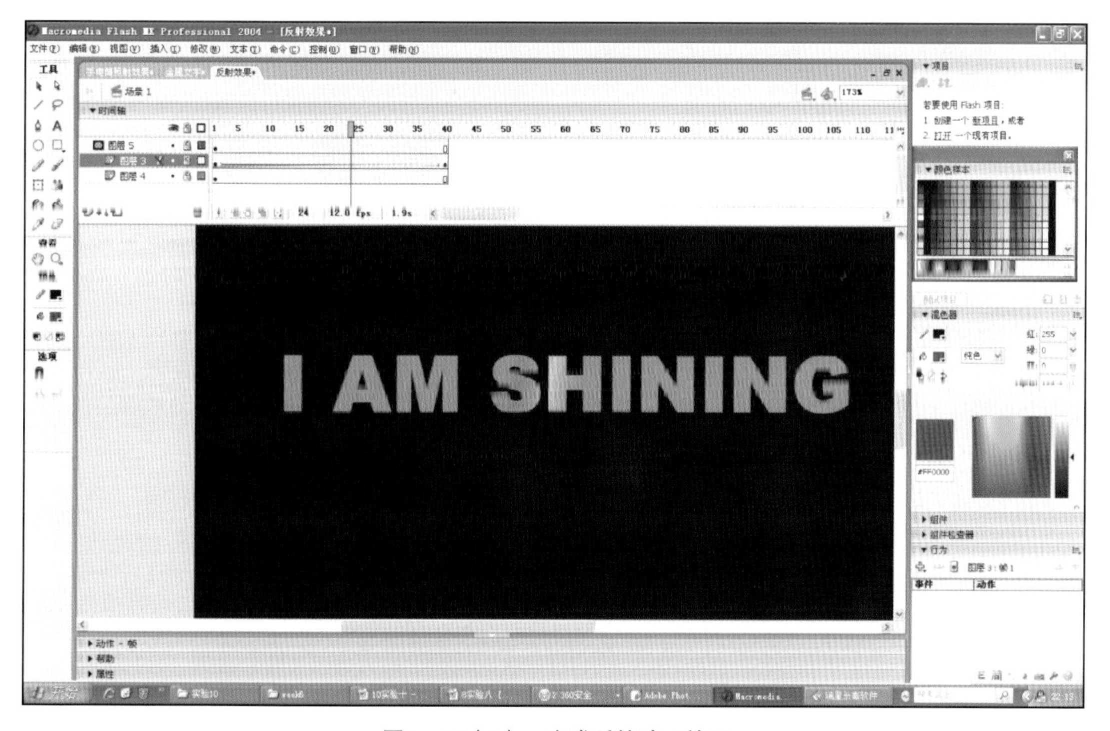

图9—42（4） 完成后的动画效果

六、实验教学问题解答

1. 理解了逐帧动画原理后，采用该方法处理动画的时候还需要了解哪些运用规律以便更生动地表现动画？

答：弹性变化、速度变化、变形等。另外，生物的运动规律是比较复杂的，也是值得研究的，关于这方面我们应该首先解决动物与人的行走问题，可以参考经验丰富的美国迪士尼动画的动画师所著的《原动画基础教程》。最后，在现实情况中，可以通过自己模仿而获得对动画动作的理解。例如，为了理解一个人物跳跃的动画动作，可以通过自己做一个这样的动作来加深理解。

2. 弹性表现适合使用在哪些对象上？

答：弹性表现是一种夸张的表现方法，对于那些强调动作的动感与诙谐感的对象可以使用。同时，弹性表现也可以恰当地表现那些具有弹性的物体。

3. 变形的动画处理有哪些方法？

答：第一，变形可以通过逐帧动画来完成，根据自己对变形过程的分解与理解，对它的中间动画可以有很多不同的选择，这取决于作者的表现目的，同时可以通过成品的测试与对比来选择。第二，变形可以运用Flash的形状补间动画完成。

七、作业

1. 作业内容

第一，运用逐帧动画原理，自己设计一段动画并使用该方法完成。

第二，选择一个皮球的下坠与弹起动作作为弹性表现的动画作业。

第三，分别完成一段加速、减速和匀速运动的动画。

第四，自己设计一段变形的动画。提示：变形的开始与结束需要选择两个在造型上有明显区别的造型。

第五，完成一段路径与轨迹动画。

第六，完成一段遮罩动画。

第七，设计一段光感表现的动画。

2. 作业要求

首先理解课堂上的内容，对这几种动画原理与运动表现方法有所认识，能够把握好每种动画的表现规律，尽可能生动地表现这些动画。

3. 时间要求

课后练习，课后 3 周后递交。

4. 评价标准

运用恰当的方式表现动画，动画生动自然。

第一，能够使用与制作逐帧动画，动画的连贯性强，形体能够保持一致。

第二，弹性的表现：关键时间点上的变形得当，在效果上富有“弹”的形态变化趣味。

第三，速度：能够把握好速度与时间的关系。

第四，变形：能够处理基本的形体变形。

第五，路径：能够正确使用路径。

第六，光感：表现出光的效果。

八、参考资料

参考书

1. [英] 理查德 · 威廉姆斯编著，邓晓娥译 . 原动画基础教程 . 北京 ：中国青年出版社，2006.

2. [加] 南希 · 贝曼著 . 赵嫣译 . 动画表演规律 . 北京 ：中国青年出版社，2011.

3. [英] 哈罗 · 特威特克、约翰 · 哈拉斯著，孙聪译 . 动画的时间掌握 . 北京 ：中国电影出版社，2007.

后 记

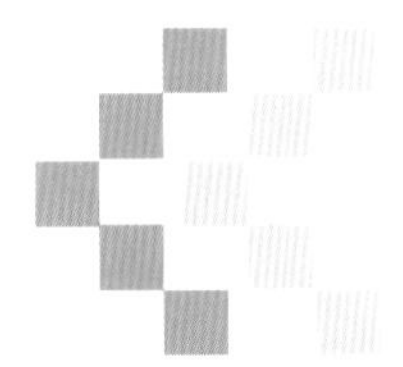

本教材的编写耗时三年半时间。作者参考了大量的专著、网络信息与网页作品。教材中大部分的案例标出作者与出处，部分引文、资料或图片由于作者疏漏或无处考证等原因,或未标明出处或出处不够精确,希望原作者谅解。这些不完善之处我们将在后续工作中进一步改进。

在撰写过程中，深圳大学传播学院的领导对教材体例多次开会讨论，参与系列教材编写的教师阎评、陈振旺与杨莉莉给予作者很多的支持与帮助。特别感谢院长吴予敏教授，在他的亲自指导与细心核查下，本教材经过三次大幅度的修改与数次细节推敲后成书。同时感谢中国人民大学出版社的翟江虹、钟婧怡编辑为本书的出版与编排提出很多宝贵的意见，感谢她们的耐心与细心，使得书稿以现在的面貌呈现于读者诸君面前。

作者

2013 年 1 月

图书在版编目(CIP)数据

多媒体网页设计教程 / 黎明等编著. —北京：中国人民大学出版社，2012.12
国家级传媒类实验教学示范中心系列教材
ISBN 978-7-300-16787-9

Ⅰ. ①多… Ⅱ. ①黎… Ⅲ. ①网页制作工具-高等学校-教材 Ⅳ. ①TP393.092

中国版本图书馆CIP数据核字(2012)第293235号

国家级传媒类实验教学示范中心系列教材
丛书主编　吴予敏　胡　莹
多媒体网页设计教程
黎　明　柯力嘉　严嘉伟　编著
Duomeiti Wangye Sheji Jiaocheng

出版发行　中国人民大学出版社
社　　址　北京中关村大街31号　　邮政编码　100080
电　　话　010-62511242（总编室）　010-62511398（质管部）
　　　　　010-82501766（邮购部）　010-62514148（门市部）
　　　　　010 62515195（发行公司）　010-62515275（盗版举报）
网　　址　http://www.crup.com.cn
　　　　　http://www.ttrnet.com（人大教研网）
经　　销　新华书店
印　　刷　北京鑫丰华彩印有限公司
规　　格　185mm×260mm　16开本　　版　　次　2013年1月第1版
印　　张　12.75　　印　　次　2013年1月第1次印刷
字　　数　196 000　　定　　价　49.80元